KB064300

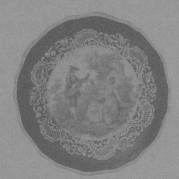

나의 앤티크 그릇 이야기

⁑

⁑

⁑

STORY of
MY ANTIQUE
PORCELAIN

❖ 지은이 김지연

무용단 단원으로 해외 공연을 다니던 20대 시절, 공연을 마친 동료들이 옷을 사고 기념품을 살 때, 오래된
도시의 골목골목을 혼자 누비며 그릇을 사 모으기 시작했다. 돈이 부족해 구입하지 못한 것들은 마음에
담아두고 때를 기다렸고, 결혼 후 살림을 시작하면서는 본격적으로 앤티크 그릇 수집가의 길에 들어섰다.
무용가로, 주얼리 사업가로 살면서도 해외 출장길 가방 안에는 늘 앤티크 그릇 한두 개가 들어 있었다. 해외
어디를 가도 방문지 일순위는 현지의 박물관과 앤티크 마켓이었다. 30년간 이어진 그릇 공부와 컬렉팅 내용을
소개하기 위해 만든 블로그 〈그릇 읽어주는 여자〉는 앤티크 그릇 마니아들의 성지가 되었고, 누적 방문자 수는
140만 명을 넘었다. 평생 모은 그릇을 사람들과 나누기 위해 시작한 '살롱 드 화려' 티 클래스를 3년 넘게 운영
중이며, 현재는 수백 명의 수강생들에게 '그릇과 홍차 이야기'라는 인문학 수업을 진행하고 있다.

나의 앤티크 그릇 이야기
STORY of
MY ANTIQUE PORCELAIN

초판 1쇄 발행 2024년 3월 8일

지은이 그릇 읽어주는 여자 김지연
펴낸이 안지선
책임편집 이미주
사진 박재현(그리드 스튜디오)
디자인 석윤이
교정 신정진
마케팅 타인의취향 김경민, 김나영, 윤여준, 이선

펴낸곳 (주)몽스북
출판등록 2018년 10월 22일 제2018-000212호
주소 서울시 강남구 학동로4길15 724
이메일 monsbook33@gmail.com

© 김지연, 2024

이 책 내용의 전부 또는 일부를 재사용하려면
출판사와 저자 양측의 서면 동의를 얻어야 합니다.

ISBN 979-11-91401-81-3 03590

mons (주)몽스북은 생활 철학, 미식, 환경,
디자인, 리빙 등 일상의 의미와 라이프스타일의
가치를 담은 창작물을 소개합니다.

STORY of MY ANTIQUE PORCELAIN

나의 앤티크 그릇 이야기

그릇 읽어주는 여자 김지연

몽스북
mons

마이텐 예스퐁

드레스덴 백 마크

불러바드 아이네르 크로네

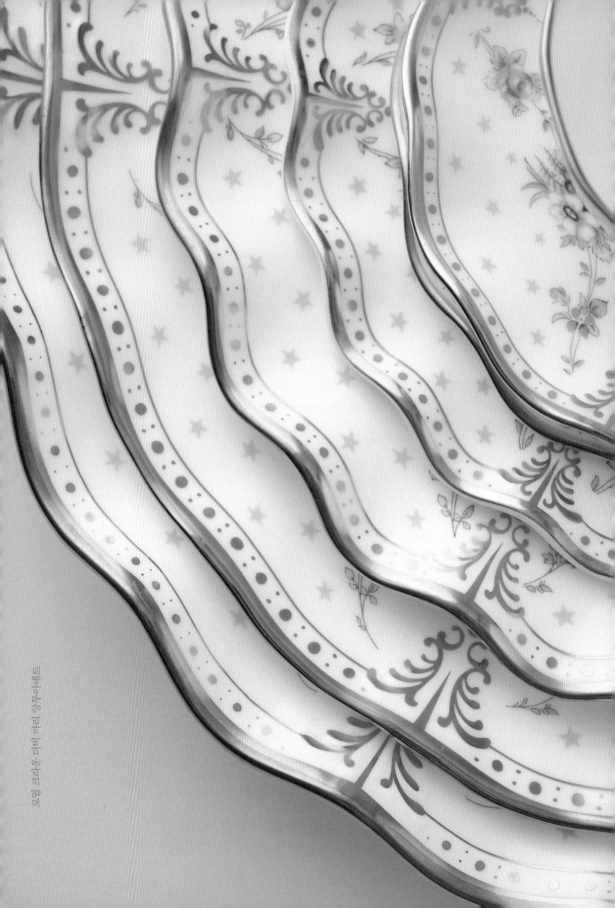

책머리에 앞서 · 프랑스 고전주의 음악

풀벌레 소리

로렌털림 박호프

Prologue

<u>앤티크 그릇과 동고동락한 30년을 갈무리하며</u>
<u>그리고 새로운 2막을 기대하며</u>

이번 책을 준비하면서 내가 언제부터 어떤 계기로 앤티크 그릇을 좋아하게 되었나 곰곰이
생각해 보았다. 고등학생 때 친구들이 생일 선물을 사주겠다고 데려간 대형 문구점에서
액세서리가 아닌 컵 세트를 골랐던 것, 대학에서 무용을 전공하며 외국으로 공연 다닐 때
작은 사이즈의 앤티크 그릇을 하나둘 사 모았던 것, 그리고 결혼 후 내 살림을 갖게 되면서
본격적으로 그릇을 수집하게 된 것까지. 돌이켜 보니 드라마틱한 계기가 있었던 것도 아니고
시작은 좀 밋밋했던 것 같다. 오히려 이 잔잔한 취미 생활을 30년간 이어온 것이 반전이라면
반전인데 그 원동력이 무엇이었을까 다시 생각해 보았다. 아마 한번 시작하면 끝장을 보는
성격과 기록의 무게 때문이 아닐까?

그릇을 어느 정도 모았을 즈음 〈그릇 읽어주는 여자〉라는 블로그 활동을 시작했다. 두 가지
목적 때문이었는데 하나는 나 자신을 위해 그릇 정보를 기록하는 것이었고, 다른 하나는
같은 취미를 가진 사람들과 소통하고 싶어서였다. 보유 중인 앤티크 그릇 리스트를 만든다고
생각하며 나라별, 브랜드별, 라인별로 분류해 사진을 찍고 관련 정보를 정리했다. 대중적인
모델도 많았지만 나만의 안목으로 고른, 국내에 잘 알려지지 않은 그릇 리스트가 더러 있었다.
웹 서핑과 책에서 찾은 정보뿐만 아니라 앤티크 그릇 여행에서 알게 된 새로운 사실까지
그야말로 손품, 발품 팔아가며 얻은 자료를 한 땀 한 땀 기록하다 보니 블로그를 찾는
사람들이 점차 많아졌다.
덩달아 책임감도 커져 그릇을 모으는 것에 그치지 않고 '남 주기 위해' 공부했고, 배움이
깊고 넓어지니 그릇을 바라보는 시야도 확장되었다. 시간이 지남에 따라 그릇과 관련 지식이
차곡차곡 쌓여 블로그 그릇 관련 포스팅이 400개가 넘고 그릇방과 티룸은 수십만 개의
그릇으로 가득 찼다. 공들여 모은 그릇을 많은 사람들과 같이 즐길 수 있는 방법을 찾다가 티
클래스도 운영하게 되었다. 온·오프라인에서 그릇 좋아하는 사람들과 그릇 이야기를 하다

보니 어느새 취미 생활이 본업이 되어 있었다.

지난 30년간의 그릇 수집은 내 삶 그 자체였다. 해외에서 어렵게 공수한 그릇이 와장창 깨진 채로 도착해 심장이 멎는 듯한 아픔도 느껴봤고, 오랫동안 찾아 헤매던 그릇을 구했을 때는 인생 최고의 기쁨을 맛보기도 했다. 집 안 곳곳에 쌓여가는 그릇 때문에 가족들에게 미안함을 느끼는 동시에 귀한 그릇에 정성 들여 밥을 차려주며 뿌듯함도 경험했다. 그릇을 통해 세계사와 미술사를 공부했고 그림과 꽃을 배웠다. 무엇보다 그릇이라는 매개체를 통해 소중한 인연을 참 많이 만났다. 그 인연의 결실 중 하나가 바로 앤티크 그릇과 동고동락한 30년 인생을 한 권의 책으로 엮은, 『나의 앤티크 그릇 이야기』이다. 이 책에서 소개한 그릇은 실제로 내가 보유하며 사용하는 것들로 그릇의 역사와 브랜드 소개가 주를 이룬다. 하지만 조금만 더 자세히 들여다보면 가족의 배려와 사랑, 차를 나눈 지인의 웃음과 눈물, 누군가의 꿈과 희망 등, 이 그릇을 거쳐간 수많은 사람들의 인생 이야기가 생략되어 있음을 알았으면 한다.

누군가는 나를 덕업일치를 이룬 '성덕'이라고 말한다. 물론 좋아하는 일을 업으로 삼을 수 있다는 것은 엄청난 행운이라고 생각한다. 하지만 성공을 이루었다고 말하기에는 조금 이른 것 같다. 아직 내 눈으로 보지 못하고, 만져보지 못한 그릇이 많기 때문이다. 내 그릇 인생의 첫 번째 파트를 『나의 앤티크 그릇 이야기』로 잘 마무리했으니 두 번째 파트를 시작할 수 있는 새로운 동력을 얻은 것 같다. 지금처럼 앤티크 그릇의 가치를 더 많은 사람들과 나누며 그릇을 탐구하다 보면 또 자연스럽게 재미있는 일이 따라올 것이라고 믿는다.

이 지면을 빌려 해외여행 때마다 그릇을 들고 다니는 수고로움을 기꺼이 감내하며, 온 집 안이 그릇으로 넘쳐나도 너그럽게 이해해 준 가족에게 깊은 고마움을 전한다. 특히 아내의 앤티크 취향 때문에 본인이 좋아하는 북유럽 스타일을 30년 넘게 참고 있는, 나에게 그릇만큼이나 소중한 인생의 동반자 이인석 박사에게 고맙다고 말하고 싶다. 또한 앤티크 그릇 덕후의 덕질을 의미 있는 작업으로 승화시킨 몽스북한테도 감사 인사를 전한다. 마지막으로 주어진 인생을 열정적으로 살 수 있게 도와주신 하나님께 영광을 돌린다.

2024년 3월 그릇 읽어주는 여자, 그레이스화려

CONTENTS

실용성과 디자인을 모두 잡은 독일 대표 도자기
로젠탈 Rosenthal

시대를 초월한 다채로운 컬렉션을 선보이다
후첸로이터 Hutschenreuther

합리적인 독일 그릇의 대명사
빌레로이앤보흐 Villeroy & Boch

서독을 대표하는 명품 도자기
린드너 Lindner

2. UNITED KINGDOM

◆

영국 왕실이 사랑한 그릇
로열 크라운 더비 Royal Crown Derby

영국 여왕과 국민이 사랑한 그릇
웨지우드 Wedgwood

어머니들의 로망이었던 영국 그릇
앤슬리 Aynseley

3. IRELAND

아일랜드의 보석
벨릭 Belleek

4. DENMARK

명불허전 덴마크 대표 포슬린
로얄코펜하겐 Royal Copenhagen

5. AUSTRIA

오스트리아 여제가 만든 도자기
로열 비엔나 Royal Vienna

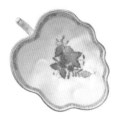

6. HUNGARY

헝가리의 소도시, 명품 도자기의 대명사가 되다
헤렌드 Herend

7. FRANCE

8. ITALY

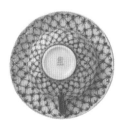

9. RUSSIA

10. USA

GERMANY

1

인간의 욕망이 낳은 유럽 최초의 도자기
마이센 Meissen

유럽 최초 백자의 탄생

가방, 시계, 그릇 등의 명품은 그것을 소유하는 것 자체가 자부심이 되기도 한다. 마이센은
소위 명품 도자기라고 일컫는 유럽 앤티크 그릇의 시초이기에 그릇쟁이에게 마이센 그릇을
보유한다는 것은 '나 그릇 좀 있는 여자야' 혹은 '나 그릇 좀 아는 여자야'와 동일시된다.
그만큼 가격도 독보적이다. 오죽하면 우스갯소리로 "마이센은 마이(많이) 쎄(세)."라고
이야기할까.

마이센 도자기는 한없이 우아하고 아름답지만 탄생 스토리는 그렇지 않다. 17세기
유럽은 중국 도자기에 깊이 매료되어 있었다. 특히 왕실 사람들과 귀족들을 중심으로
중국 도자기를 '동양에서 온 금'이라고 부르며 귀히 여겼고 이를 얻기 위해 많은 돈을
쏟아부었다. 유럽 상류 사회의 중국 도자기 사랑은 시누아즈리chinoiserie 트렌드에서도
엿볼 수 있는데 시누아즈리는 프랑스어로 '중국풍', '중국 취향'을 의미한다. 신성
로마 제국의 일원인 작센Sachsen의 선제후選帝侯(독일 황제의 선거권을 가졌던 일곱 사람의
제후)로 폴란드 왕이기도 했던 프리드리히 아우구스트 1세Friedrich August I는 유명한
도자기 수집가였다. 미학적 취미를 충족시킬 겸 군자금이 필요했던 그는 무엇이든 만들
수 있다는 연금술사 요한 프리드리히 뵈트거Johann Friedrich Böttger를 작센의 주도인
드레스덴Dresden의 성 안에 감금시킨 후 도자기 개발을 명령했다. 뵈트거는 오랜 연구
끝에 유럽 최초의 백자를 만드는 데 성공했고, 1710년 아우구스트 1세는 드레스덴 근교
마이센에 유럽 최초의 도자기 공장을 세웠다. 이것이 바로 마이센 도자기의 시작이다.

마이에 퀴터 포일 외토

작품이 된 마이센 도자기

유럽 도자기 역사에 커다란 족적을 남긴 뵈트거는 도자기 개발 이후에도 제조 기술의
기밀 유지를 위해 완전한 자유를 얻지 못하고 비극적인 삶을 살다가 37세의 젊은 나이에
생을 마감했다. 뵈트거의 빈자리는 궁정 조각가 요한 요아킴 켄들러Johann Joachim
Kaendler와 궁정 화가 요한 그레고르 해롤드Johann Gregorius Höroldt가 채웠고 이들의
활약으로 마이센 자기는 조각적이면서도 회화적인 요소를 추가할 수 있었다. 약사 출신의
뵈트거가 화학적으로 접근해 도자기 개발에 성공했다면, 예술가였던 켄들러와 해롤드는
마이센 도자기에 아름다운 옷을 입혀 작품으로서의 가치를 드높이는 계기를 마련했다.
자연스럽게 마이센의 위상은 높아졌고 1713년경부터는 유럽 왕실과의 외교를 위한
선물로 사용됐다. 그리고 마이센의 인기가 높아질수록 제조 기술은 유럽 전역에 전파되기
시작했다. 아우구스트 1세의 기밀 유지를 위한 노력에도 불구하고 20년도 채 지나지 않아
오스트리아, 스웨덴, 헝가리 등지에는 도자기 공장이 세워졌다. 특히 마이센은 프랑스의
세브르Sèvres, 영국의 로열 우스터Royal Worcester, 덴마크의 로얄코펜하겐Royal Copenhagen,
헝가리의 헤렌드Heren 등을 탄생시키는 데 기여했다.
한편 흔히 '쌍칼 마크'라고 불리는 마이센의 백 마크back mark인 X자 검 모양은 색소니
지역의 문장(Coat of arms: 가문이나 단체의 계보·권위 등을 상징하는 장식적인 마크)으로 1722년
도입해 전 세계에서 가장 오랫동안 지속적으로 사용된 트레이드마크가 됐다. 마이센은
귀한 만큼 가품이 많기로도 유명한데 일단 백 마크가 없다면 가품일 확률이 높다. 쌍칼
마크를 사용하기 전인 1709년부터 'AR 마크'를 이미 사용하고 있었기 때문에 '백 마크가
없으면 더 오래된 것이다.'라는 식의 상술에는 넘어가지 말자. 물론 마이센 소속 화가들이
급여 대신 도자기를 받는 일이 종종 있었다고 하니 정식으로 판매된 것이 아니라면 백
마크가 없을 수도 있다. 하지만 백 마크가 없는 진품이 내 손에 들어올 확률은 매우 희박할
것이다. 진품이든 가품이든 상관없이 '마이센 스타일'의 그릇을 소유하는 것이 목적이라면
상관없지만 300년의 역사를 지닌 '작품'을 손에 넣기 위해서는 어느 정도 공부가 필요한
이유이기도 하다.

❖ 명화가 된 그릇, 쿼터 포일 와토 Quarter Foil Watteau

마이센의 그릇은 워낙 고가이기도 하고 구하기 어렵기 때문에 식기로 사용하는 경우는 매우 드물다. 그리고 지금 남아 있는 마이센 그릇 대부분이 장식용이기에 용도가 그릇일 뿐 사실은 작품이나 다름없다. 그래서 자주 들일 수는 없지만 가끔 나 자신에게 선물하고 싶을 때 하나씩 사서 모으는 것이 바로 마이센의 쿼터 포일 와토 시리즈이다. 이름에서 짐작할 수 있듯이 4개로 나뉜 패널에 절반은 도이치 블루맨Deutsche blumen 플라워를, 나머지 반은 장 앙투안 와토Jean-Antoine Watteau의 '와토 장면(Watteau szene: szene는 독일어로 장면, 풍경 등의 의미를 가졌다.)'을 에나멜 페인트로 그려 넣었다. 프랑스 화가인 장 앙투안 와토는 전원이나 공원에서 우아한 복장으로 여유를 즐기는 남녀를 묘사한 페트 갈랑트fête Galante 스타일을 만든 주인공으로 루이 15세 통치 시기에 프랑스에서 유행했던 장식적이고 화려한 미술 양식인 로코코Rococo 양식의 대가로 꼽힌다.

당시 작센의 왕은 여름 별장을 모두 와토의 그림으로 장식할 만큼 와토 장면이 들어간 그림에 크게 매혹되었는데 1740년대 마이센에서는 11명의 소속 화가들에게 와토 장면을 넣은 도자기를 생산하도록 요구했다. 그리고 1749년 작센 왕가에 헌정된 그린 와토 서비스Green Watteau Service(서비스는 '세트set'를 의미한다.)는 현재까지 남아 있는 마이센의 작품 중 최고의 걸작으로 인정받고 있다.

내가 보유 중인 쿼터 포일 와토 접시는 자세히 들여다보면 세월의 흔적이 고스란히 묻어 있다. 군데군데 페인팅이 벗겨지고 수리한 흔적 때문에 마이센 진품치고는 값이 덜 나갈 수도 있다. 하지만 앤티크 그릇의 가치를 금액으로만 평가할 수는 없다. 앤티크 그릇을 수집하면서 인연을 맺게 된 독일에 사는 지인이 기념으로 하나씩 갖자며 선물한 것으로 그 어떤 명품 그릇보다 나에겐 의미 있는 그릇이다. 원 4개가 한데 모여서 만들어지는 무늬인 쿼터 포일은 건축 양식이나 장식 예술에서 많이 볼 수 있는 스타일로 네잎클로버를 생각하면 된다. 쿼터 포일 와토 접시가 나에겐 행운의 상징인 네잎클로버와 같은 의미를 가진다.

⁖ 모던 자기의 정수, 웨이브 릴리프 Waves Relief

파도가 몰아치는 형태를 표현한 새하얀 도자기인 웨이브 릴리프는 우리가 흔히 알고
있는 마이센과는 확연히 다른 스타일이다. 1993년부터 1996년까지 개발되어 현재까지
판매되고 있는 제품이니 앤티크는 아니다. 특이한 점은 유약을 바르지 않고 가마에서
구운 비스크bisque 방식으로 만들었다는 것으로 원래 비스크는 장식용 작은 조각상인
피겨린figurine에 주로 사용된다. 조금 더 깊게 들어가면 비스크 방식은 여러 단계로
세분화되는데 웨이브 릴리프의 표면에 어느 정도 광택이 있는 것으로 보아 유약을 바른
최종 제품의 중간 단계 정도를 말하는 것 같다.

일본 오사카에 위치한 마이센 티룸에서 웨이브 릴리프를 처음 발견하고 한동안 눈을 뗄
수가 없었다. 순백의 도자기에 잔잔한 물결 패턴이 들어갔을 뿐인데 이토록 우아하고
고급스러울 수 있다니. 꽃무늬 하나 없는 흰색 그릇에 매료된 나 자신에 놀랐고 마이센이
유럽 최초로 백색 자기를 만든 회사라는 사실을 다시금 깨닫게 됐다. 이 티룸에서는 마이센
찻잔에 차를 담아 서비스하므로 마이센 그릇을 직접 체험해 볼 수 있는데 웨이브 릴리프
찻잔의 그립감에 또 한 번 반하지 않을 수 없었다. 오른손으로 찻잔을 잡을 때 손잡이가
자석처럼 착 붙고 입술과 맞닿는 부분은 곡선의 느낌이 좋아서 정말 잘 만든 도자기라는
생각이 들었다. 화려한 패턴과 페인팅을 입히지 않고도 디자인만으로 승부수를 띄운
웨이브 릴리프, 사용할수록 그들의 자신감이 자만이 아닌 자부심임을 알게 된다.

⁖ 핸드 페인팅의 정교함이 살아 있는, 플라워 Flower

플라워 티 세트는 쿼터 포일 와토 접시와 비교하면 담담한 멋이 있다. 1780년경부터
마이센은 관능적이고 사치스러운 로코코 양식에서 벗어나 프랑스에서 시작된
네오클래식Neoclassic(고대 그리스 로마에 대한 동경과 우아하며 단정한 형태의 고전미를 추구하는
예술 사조로 신고전주의라고도 부른다.)의 영향을 받기 시작했는데, 이때부터 마이센의
화가들은 하얀 바탕에 꽃과 나비, 과일 등을 그리며 단조로운 스타일의 도자기를
생산하게 됐다. 이러한 신고전주의 양식의 식기 세트는 이전에 생산했던 화려한 꽃
조각과 금장 장식이 들어간 장식용 도자기와는 또 다른 매력으로 당대의 많은 사람들을

매료시켰을 것으로 생각된다. 어떤 음식을 놓아도 잘 어울리는 디자인이니 아마도 데일리 테이블웨어로 큰 인기를 끌지 않았을까?

블루 마니아인 나에게 블루 컬러를 입은 플라워 패턴의 마이센 플라워 티 세트는 외면하기 힘든 아이템이었다. '플라워'라는 라인 이름에 걸맞게 찻잔에는 각각 다른 푸른색 들꽃이 그려져 있는데 수레바퀴처럼 방사형으로 모여 피는 것이 특징인 독일의 국화인 센타우레아centaurea, 유럽 지역에 자생하는 종 모양의 풀꽃 블루벨bluebells 등이다. 티포트의 문양도 과하지 않으면서 적당히 깊이가 있어서 좋다. 티포트의 한 면에는 독일 넝쿨장미가 가득 차 있고, 반대쪽에는 나비가 심플하게 들어가 있다. 찻잔의 프린트 구성도 비슷한데 오른손잡이 기준 앞면에는 꽃이 가득하고 뒷면에는 향긋한 꽃 냄새를 맡고 날아오는 듯 나비가 한 마리씩 프린트돼 있다. 티포트 윗부분은 바스킷 문양이 촘촘히 새겨져 있고 뚜껑의 꼭지는 꽃봉오리로 표현했다. 언뜻 보면 심플하고 단조로워 보이지만 어떠한 디테일도 놓치지 않았다는 점에서, 이래서 마이센이 명품임을 인정하지 않을 수 없다.

⁘ 화려함의 극치, 비폼 B-Form

홀린 듯 자연스럽게 그릇을 수집한 지 오래지 않아 서울 이태원 앤티크 가구거리를 걷다가 발견한 마이센 비폼 찻잔에 마음을 빼앗겼다. 하얀 바탕에 고급스러운 금장 장식, 심플하게 표현된 작은 꽃들에 눈을 떼지 못하고 가진 돈을 몽땅 털어 찻잔 두 개를 구입했다. 이를 계기로 앤티크 숍을 수시로 드나들며 보고 또 보았고, 여윳돈이 생길 때마다 약속한 듯이 아이템을 하나씩 추가했다. 텅 빈 지갑을 보면서 마이센의 명성을 온몸으로 체감했던 것 같다.

비폼의 원래 이름은 로열 비앤엑스 비폼Royal B&X B Form으로 마이센에서 가장 명성을 떨쳤던 수석 디자이너 에른스트 아우구스트 로이테이츠Ernst August Reuteitz가 디자인한 것이며, 1844년부터 1855년까지 생산됐다. 로이테이츠는 드레스덴 미술 아카데미(Academy of Fine Arts Dresden)를 졸업한 독일 조각가로 마이센 전성기 때 수많은 작품을 탄생시켰다. 그중 가장 유명한 것이 바로 비폼으로 화려한 르네상스, 바로크,

Germany

마이센

마이센 예스품

로코코 시대의 요소를 모두 갖고 있어 그야말로 럭셔리의 절정이라고 말할 수 있다. 당대 신흥 부르주아 계급의 요청으로 디자인되었다고 하는데 그릇의 골드 장식은 실제로 23캐럿 금을 코팅해 완성했다. 비폼의 화려하고 웅장한 비주얼만큼이나 이름에도 특별한 의미가 있을 것 같은데, 알고 보니 'B 모양(폼form)', 'X모양' 이런 식으로 몰드에 새겨진 식별 문자였다고 한다.

현재 마이센에서 비폼을 다시 생산하고 있으며 로열 비폼, 엑스폼, 로열 블루뿐만 아니라 옐로, 핑크, 버건디 등등 컬러에 따라 라인을 더욱 세분화했다. 따라서 나 같은 그릇쟁이들이 수집하기에 최적의 요건을 갖췄으나 가격대가 워낙 높아 여전히 가까이하기엔 먼 당신일 수밖에 없다. 이제는 웬만한 그릇 가격에는 눈 하나 깜짝하지 않는 내공의 소유자라고 자부하지만 마이센 홈페이지에 명시된 비폼 티포트 개당 가격을 보고 눈이 휘둥그레질 수밖에 없었다. 상황이 이렇다 보니 혹여나 금장이 닳지 않을까, 비폼 그릇을 사용하지 못하고 그릇장에 넣어둘 수밖에 없다. 내가 그릇을 수집하는 주된 이유는 일상에서 예쁜 그릇을 사용하고 싶어서이다. 매일 가족을 위해 만든 음식을 담고, 좋아하는 친구에게 특별한 찻잔에 차 한잔 내어주고 싶은 마음이 큰데 마이센의 명성에 스스로 무릎을 꿇고 그 뜻을 펼치지 못해 안타까움이 크다. 그래서 마이센 비폼을 수집하지 못하는 것이 아니라 나의 수집 목적과 맞지 않아 수집하지 않는 것이라며 '신포도 이론'을 차용해 마음의 위안을 얻고 있다.

✢ 하나의 라인을 넘어 브랜드가 되다, 쯔비벨무스터 Zwiebelmuster

그릇에 관심 없는 사람도 알고 있을 정도로 유명한 쯔비벨무스터. 쨍한 코발트블루 플라워 프린트가 인상적인 그릇으로 가격 면에서도 부담 없고 한식을 담아내도 잘 어울려 국내에서도 많은 사랑을 받고 있다.

현재 대중적으로 살 수 있는 쯔비벨무스터는 체코에서 만든 체스키 포슬란Cesky Porcelan의 쯔비벨무스터이다. 그래서 많은 사람들이 쯔비벨무스터가 체코에서 시작된 문양으로 알고 있지만 사실 체코 도자기의 뿌리는 독일 마이센에서 찾을 수 있다.

마이센이 1709년 도자기 공장을 세워 자체적으로 경질 자기를 생산하는 와중에도 작센 공국의 아우구스트 1세는 중국과 일본에서 수천만 점의 도자기를 수입했다. 중국의 청화 백자青華白瓷(흰 바탕에 푸른 물감으로 그림을 그린 자기)와 일본의 다채로운 이마리伊萬里(도자기로 유명한 일본 규슈의 항구 도시) 패턴을 흉내 내기에는 한계가 있었기 때문일 것이다. 마이센에서 청화 백자를 모방 및 재현해 당시 유행했던 로코코 양식을 반영한 식기가 바로 쯔비벨무스터였다. 독일어로 쯔비벨zwiebel은 양파, 무스터muster는 문양을 뜻한다. 직역하면 '양파 문양'이지만 실제로는 동양의 도자기 패턴에서 흔히 볼 수 있는 석류꽃 문양이다. 청화 백자의 푸른색은 페르시아의 코발트블루 안료가 들어오면서 재조명되었고 이때 석류꽃 문양이 함께 전해졌는데 마이센에서는 양파꽃으로 불리게 됐다. 이전 유럽에서 볼 수 없던 코발트블루의 도자기는 곧 수많은 아류와 가품을 양산하는 빌미를 제공했고, 상표법과 저작권의 개념이 자리 잡지 않았던 시기인 만큼 '마이센 짝퉁'은 그야말로 차고 넘쳤다. 도자기가 사회적인 지위와 부의 상징으로 인식되었을 시기인 만큼 쯔비벨무스터처럼 따라 하기 쉬운 패턴은 유럽의 많은 도자기 공장에서 앞다투어 생산할 수밖에 없었을 것으로 생각된다.

이후 1926년 독일 대법원에서 "마이센 쯔비벨무스터라는 대명사 자체는 공공의 것이다."라고 판결했고 재정 위기를 겪던 마이센이 쯔비벨무스터에 대한 디자인 사용권을 매각하면서 후첸로이터Hutschenreuther, 체스키 포슬란 등에서 대대적으로 쯔비벨무스터를 생산하기 시작했다. 현재 '앤티크 쯔비벨무스터'로 인정받는 그릇은 마이센을 비롯해 KPM 등 독일 마이센 지역의 중소 도자기 회사에서 나온 제품들이다. 마이센 지역의 공장에서 생산된 쯔비벨무스터는 '마이센 도시의 그릇'이라는 의미로 '슈타트stadt(도시) 마이센'이라고도 부른다.

쯔비벨무스터를 수집하고 싶었으나 원조인 마이센의 것은 구하기 어렵고 설사 구한다고 해도 진품인지 확인할 길이 없어 고민이 많았다. 그러다 가장 먼저 들인 것이 앤티크 쯔비벨무스터인 KPM의 소형 티포트이고 이후 추가로 국민 명품 격인 체스키 포슬란의 쯔비벨무스터 티포트와 워머를 인터넷 쇼핑몰에서 구입했다. 소형 티포트는 수구가 짧아서 절수력이 나쁠 것이라 생각하지만 독일 티포트를 써보면 그렇지 않다는 것을 금방 알게 된다. KPM의 티포트 뚜껑 꼭지가 꽃봉우리를 형상했다면, 체스키 포슬란 티포트는 활짝 핀 꽃을 표현했다. 다른 두 도자기 회사의 그릇을 함께 스타일링해도 전혀 이질감을 느낄 수 없는 것은 쯔비벨무스터 패턴이 주는 힘이 아닌가 싶다. 유럽 도자기 역사에서 300년을 이어온 문양인데 마이센이면 어떻고 아니면 어떠할까. 그저 오랜 기간 세계인의 수많은 식탁에서 멋진 테이블웨어로서 그 명성을 지켰다는 것에 경의를 표할 뿐이다.

체스키 포슬란 쯔비벨무스터

마이센 즈비벨무스터

각양각색 다채로운 스타일을 뽐내다
바바리아Bavaria

독일 대표 도자기 산지, 바바리아

독일 그릇을 접하면서 누구나 한 번쯤 들어봤을 이름, 바바리아. 흔히 '바바리아
그릇'이라고 말하는데 그 범위가 너무 넓어 이게 맞나 헷갈리는 경우가 종종 있다.
바바리아는 독일 바이에른Bayern의 영어식 명칭으로 앞서 설명한 드레스덴과 마찬가지로
지역명이다. 다시 말해 특정 브랜드가 아닌 바바리아 지역에서 생산한 도자기를 '바바리아
포슬린'이라고 부르는 것이다.

독일 도자기를 이야기할 때 심심찮게 등장하는 지역이 몇 군데 있다. 마이센과 드레스덴을
배출한 작센, 지금 이야기하고 있는 바이에른, 그리고 이 다음에 나올 튀링겐Thüringen이
대표적으로 이들의 공통점은 백색 도자기의 주원료인 고령토 산지라는 것. 특히
바이에른은 독일 도자기의 주요 생산지인 작센, 튀링겐과 모두 인접해 있을 뿐만 아니라
오스트리아, 체코, 스위스와 경계를 이루고 있다. 당시 바이에른 지역에만 100여 개의
포슬린 회사가 존재했다고 하는데 풍부한 원료를 기반으로 이러한 지리적 이점까지
더해지며 수많은 도자기 공장이 성업을 이루었던 것으로 생각된다. 이러한 이유로 제2차
세계 대전 이후 많은 글로벌 기업들이 이곳으로 이주해 오면서 현재는 유럽에서 가장 높은
소득 수준을 자랑하고 있다.

바이에른의 대표적인 도자기 브랜드로는 로젠탈Rosenthal, 빌레로이앤보흐Villeroy&Boch,
린드너Lindner 등이 있다. 나머지 도자기 회사는 상대적으로 규모가 작기 때문에 생산하는
그릇의 양이 많지 않을 것이고 자연스럽게 관심도 덜 받았을 것이다. 나는 되팔기가 아닌
보유 목적으로 그릇을 바라보기 때문에 '남들이 좋아하는 그릇'보다는 '내가 좋아하는
그릇'을 모으는 편이다. 그리고 익숙한 것보다는 처음 보는 것에 눈과 마음이 더 간다.

비즈이맵

새로운 아이템이 내 레이더망에 잡히면 브랜드의 패턴 북, 구글링 등 모든 방법을 동원해 그릇 정보를 찾고 학습한다. 물질적인 가치는 덜할지언정 새로운 그릇을 탐구하는 과정이 결국 스스로를 성장시킬 것이라고 믿기 때문이다. 낯선 브랜드인 바바리아 그릇을 다른 수집가들보다 더 많이 갖고 있는 이유이기도 하다.

바이에른주에서 운영하는 도자기 가도街道 홈페이지(www.porzellanstrasse.de)에 들어가면 이 지역의 전체적인 도자기 코스course뿐만 아니라 아르츠베르크Arzberg, 코부르크Coburg, 젤브Selb 등 당시 도자기를 생산 및 판매했던 지역(orte)의 정보를 얻을 수 있다. 또한 각 지역별로 현재 방문 가능한 아웃렛과 공장, 카페, 박물관 등의 정보가 잘 정리되어 있다. 언젠가 앤티크 그릇을 좋아하는 사람들과 함께 이 가도를 따라 바바리아 도자기 발자취를 하나하나 찾아가는 상상을 해본다.

✛ 독일에서 두 번째로 큰 도자기 마을, 아르츠베르크 Arzberg

독일 바바리아 그릇을 좋아한다면 한 개쯤 갖고 있을 법한 브랜드가 바로 슈만Schumann이다. 백 마크를 보면 '슈만 바바리아Schumann Bavaria', '바바리아 슈만 아르츠베르크Bavaria Schumann Arzberg', '바바리아 슈만Bavaria Schumann' 등으로 표현된다. 아르츠베르크는 광산이 발달한 바이에른주의 지역 이름으로 원래는 낙후된 지역이었으나 도자기의 원료인 고령토가 발견되자 독일에서 두 번째로 큰 도자기 마을이 되었다. 1876년 도자기 제작자인 하인리히 슈만Heinrich Schumann이 시작해 막내아들인 크리스토퍼 슈만Christopher Schumann이 1887년에 정립한 회사가 슈만 바바리아로 더 잘 알려진 아르츠베르크 도자기 회사의 시작이라고 볼 수 있다.

아르츠베르크 포슬린은 유럽 도자기, 그중에서도 특히 독일 도자기 시장에 기여한 바가 크다. 빅토리아Victoria 여왕 재위 시절, 영국에서는 독일 그릇이 튼튼하고 예술성도 좋지만 가격적인 면에서도 경쟁력이 높아지니 이를 경계할 목적으로 독일 제품에 반드시 '메이드 인 저머니Made in Germany'라는 설명을 부착해야 하는 '상품 표시법'이 통과되었다. 이렇게 하면 영국 사람들이 독일 제품을 기피할 것이라고 생각하고 시행한 조치였으나 오히려 품질 보증 역할을 했고 '아르츠베르크는 좋은 제품이다.'라는 인식을 각인시키며 아르츠베르크와 독일 그릇이 더 유명해지는 계기가 되었다. 자국 산업을 보호하려는 영국의 입장도 이해가 되긴 하나 결과적으로 독일 도자기 산업만 더욱 발전하게 되었다. 이후 아르츠베르크는 여러 번의 인수와 합병 과정을 거쳐 현재는 아르츠베르크 포슬린(www.arzberg-porzellan.com)이란 이름으로 도자기를 생산 중이다.

카롤 슈만 아르츠베르크

슈만 바바리아 엠프레스 드레스덴
플라워 Schumann Bavaria Empress Dresden Flowers

어떤 음식을 담든 잘 어울려서 한동안 애용했던 슈만 바바리아 엠프레스 드레스덴
플라워는 1945년부터 1981년까지 생산되었다. 1945년은 제2차 세계 대전이 끝나고
독일이 가장 피폐해져 있을 시기인데 이렇게 아름다운 패턴을 만들어 내다니 그저 신기할
따름이다. 이 그릇으로 세트를 갖춰 손님을 대접하면 으레 요리는 뒷전으로 밀려나
버린다. 음식 맛에 대한 칭찬을 기대했으나 그릇 칭찬으로 시작했다가 그릇 칭찬으로
끝나기 일쑤다. 사실 그릇쟁이에게 음식 맛있다는 이야기만큼 듣기 좋은 소리가 바로 그릇
예쁘다는 말이다. 음식 맛이 살짝 부족하더라도 그릇 이야기만으로 식사 시간을 가득 채울
수 있으니 요리에 살짝 자신이 없을 때 그릇에 더욱 힘을 주게 되는 것 같다.
이름 끝부분에 '드레스덴 플라워'가 붙는데 도자기의 부케 패턴이 드레스덴 제품과 많이
닮아서 이런 이름을 지었나 싶다. 엠프레스empress는 황후라는 뜻으로 결국 드레스덴보다
더 아름다운 플라워 패턴이라는 것을 이름을 통해 알려주고 싶었나 보다. 투각透刻은
도자기 표면을 뚫어서 문양을 표현하는 기법이다. 따라서 투각 접시는 일반 접시에 비해
곱절의 공이 들어가는 만큼 더 귀하다. 투각 그릇은 센터피스 없이도 독보적인 존재감을
과시하기 때문에 테이블을 세팅할 때 자주 활용하는 편이다. 황후가 이렇게 멋진 투각
접시에 식사를 했을까 상상하며 이 그릇을 사용하는 순간은 황후도 부럽지 않다.

슈만 바바리아 포겟미낫 Forget Me not by Schumann Bavaria

포 겟 미 낫Forget me not은 '나를 잊지 말아요.'라는 뜻으로 물망초의 꽃말로 잘 알려져
있다. 이 꽃말을 독일어로 하면 '페어기스 마인 니히트Vergiss mein nicht'가 된다. 사실
물망초의 원산지가 독일이고 나를 잊지 말아달라고 하는 전설 역시 도나우강Donau江에서
헤어진 연인들의 슬픈 이야기에서 비롯되었다. 이처럼 독일 명칭을 두고 굳이 영어식

표현을 차용한 것은 미국 수출을 염두에 두고 만들었기 때문. 제2차 세계 대전 이후 미국은 독일에서 식기류를 대량 수입했고 포겟미낫 패턴은 오히려 독일에서 찾아보기 힘드니 미국 시장을 겨냥하고 만든 패턴이라는 가설에 힘이 실린다.

이 그릇처럼 슈만 바바리아 도자기의 백 마크 옆에 블루 컬러의 E&R 마크가 하나 더 쓰여 있는 경우가 종종 있다. E&R은 알보스앤카이저Alboth&Kaiser, 피르스텐베르크Fürstenberg, 괴벨Goebel, 하인리히앤코Heinrich&Co., 카를 슈만Karl Schumann, 리모지Limoges 등 여러 나라의 유명한 도자기류를 수입해 미국 주요 도시에 유통했던 회사이다. E&R 백 마크가 적힌 제품의 유통은 1976년을 기점으로 점점 사라졌고 2002년에 파산을 신청하게 된다. 따라서 E&R 백 마크를 만나게 되면 '미국에서 수입한 독일 그릇이구나.' 하고 생각하면 된다. E&R의 골든 크라운과 방패 마크는 1956년 미국 특허청에 등록되었다고 한다. 백 마크 하나로 이 많은 정보를 얻을 수 있다니 이 또한 앤티크 그릇의 묘미라고 할 수 있다.

바바리아 슈만 아르츠베르크 Bavaria Schumann Arzberg

그린과 골드 컬러의 오묘한 조화와 쯔비벨무스터와 비슷한 동양적인 플라워 패턴이 눈에 띄는 모델로 1960~1970년에 생산되었다. 티포트와 커피포트, 컵, 플레이트 할 것 없이 그릇마다 패턴이 알차게 들어가 있는데, 핸드 페인팅이 이토록 가득 그려져 있다니 놀라울 따름이다. 독일 드레스덴에 사는 지인을 통해 공수한 것으로 사진보다 실물이 200% 더 만족스러운 아이템. 비교적 최근에 출시된 제품이지만 패턴과 컬러 조합에서 나오는 오라aura는 도자기 박물관에서 보았던 몇백 년 된 그릇처럼 느껴진다. 컵의 안쪽까지 페인팅이 되어 있고 리드 부분의 골드 꽃봉오리 장식 디테일까지 놓치지 않아 더욱 고급스러운 느낌이다. 이렇게 잘 만들어진 도자기를 보고 있으면 물질적인 가치와 상관없이 마냥 기분이 좋아진다.

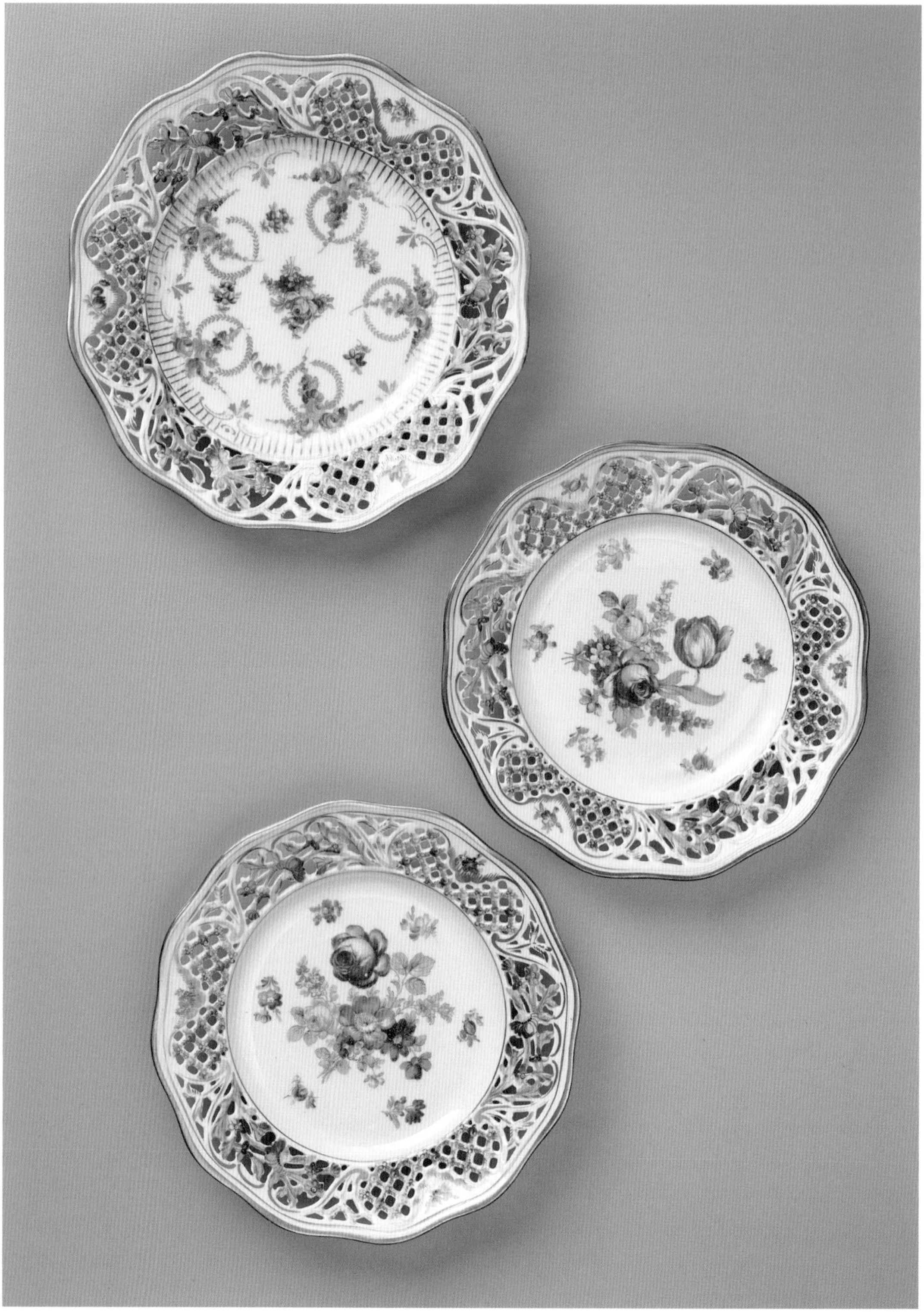

슈만 엠프레스 플라워

슈만 포켓미닛

순민 포켓네스

❖ 고귀함 그 자체, 티첸로히터 Tirschenreuth

바바리아의 대표적인 브랜드인 티첸로히터는 독일 바이에른 지역의 주도 이름이다.
티첸로히터에서 광범위한 고령토 매장지가 발견된 후 1830년대에 도자기 생산이
시작됐다. 1838년 사업가 하인리히 아이히호른Heinrich Eichhorn이 시작했고, 1927년 로렌츠
후첸로이터Lorenz Hutschenreuther가 인수해 이후 여러 가지 백 마크로 생산되었다.
내가 보유 중인 두 개의 티첸로히터 모카 세트는 디자인은 서로 다르지만 하나같이
고풍스러운 분위기를 풍긴다. 손잡이가 위로 솟은 티첸로히터 하이 핸들 네발 모카잔과
커피포트는 핸들만으로도 포인트가 되는데 블링블링한 금 신발을 신고 있어 더욱 눈에
띤다. 특히 모카잔은 새끼손가락을 살짝 들고 잡아야 할 것 같은 새침한 손잡이가
특징으로 디자인이 특이한 만큼 사용할 때 약간의 불편함은 감수해야 한다. 컬러풀한 꽃
패턴은 화려하면서도 절제미가 돋보여 전반적으로 우아한 이미지를 풍긴다.
반면 버건디와 골드 컬러를 함께 쓴 모카 세트는 화려함을 넘어 웅장함마저 느껴진다.
금칠이 되어 있는 도자기의 메인 그림은 프랑스 리모지의 프라고나르 명화를 많이
닮아 있다. 이 모델의 모카잔 역시 차 마실 때 잔을 살짝 들어줘야 할 것 같은 손잡이를
가졌는데, 이쯤 되니 티첸로히터의 특징이 아닐까 싶다. 컵의 안쪽까지 금칠이 되어
있음에도 불구하고 과한 느낌보다는 은은하면서 고급스럽다. 이 그릇을 만나기 전까지는
블랙과 골드의 조합이 최고의 화려함이라고 생각했는데 버건디와 골드의 조합도 밀리지
않는다는 것을 알게 됐다. 티타임 때 내놓는다면 센터피스 없이도 존재감을 제대로 보여줄
수 있는 모델이다.
한편 독일은 차와 맥주보다 커피를 더 먼저 마셨다고 한다. 그리고 날씨가 추운 날에는
열량이 높은 따뜻한 초콜릿 음료를 많이 마셨다. 그래서 독일 그릇 중에는 유독 가늘고 긴
형태의 모카잔이 많이 보이는 것이다. 16세기 초부터 들어온 커피로 인해 커피와 케이크를
같이 먹는 문화가 발달했고 다양한 재료와 블렌딩한 커피 음료는 결국 다양한 그릇의
발전으로 이어졌다. 그릇을 통해 유럽의 식문화를 배우는 것 역시 흥미로운 일이다.

타케르콘하티

팔터스호프 장미의 기사

❖ 장미 향 가득한, 발더스호프 장미의 기사 Waldershof Bavaria Rosenkavalier

당시 바바리아에서 성업했던 100여 개의 포슬린 회사 중 더 큰 포슬린 공장에서 백색
그릇을 구입한 후 금과 코발트 등의 안료로 2차 가공하거나 페인팅해 판매하는 곳이
많았다. 아름다운 장미가 가득한 발더스호프 장미의 기사 모델 역시 대표적인 데커레이션
공방인 프란츠 노이키르히너Franz Neukirchner에서 출시한 것이다. 1977년 설립자인 프란츠
노이키르히너의 사망으로 공장은 폐쇄되었기에 지금 우리가 보는 장미의 기사는 적어도
60년 이상 된 것들이다.

〈장미의 기사〉는 독일 출신의 작곡가 리하르트 슈트라우스Richard Strauss의 오페라로
1911년 드레스덴에서 초연한 이후 유명세를 떨쳤다. 여기에서 언급된 '기사'는 우리가
흔히 상상하는 백마 탄 기사騎士가 아닌 청혼의 전령을 의미한다. 18세기 오스트리아 빈의
귀족 사회에서는 양가의 혼담이 이루어진 뒤에 신랑 쪽 친척 한 사람이 신부 될 처녀에게
은으로 만든 장미를 예물로 전달하는 풍습이 있었다고 한다. 발더스호프 장미의 기사 역시
같은 이름의 오페라를 모티브로 표현한 것이 아닌가 싶다. 은이 아닌 금으로 장식되어
있긴 하지만 이렇게 아름다운 그릇을 예물로 받는다면 어떤 여인이 감히 청혼을 거절할 수
있을까? 적어도 나는 무조건 예스이다.

❖ 스카이블루 컬러의 정석, JKW 바바리아

그동안 수많은 블루 컬러의 찻잔을 모아왔지만 이런 스카이블루sky blue 찻잔은 처음이다.
우리나라에도 '파란색'의 표현법이 다양한 것처럼 서양에서도 인디고블루indigo blue,
울트라머린ultramarine, 코발트블루cobalt blue, 터키블루Turkish blue 등등 블루의 종류만
무려 111가지나 된다고 한다. 에메랄드빛 바다의 푸른색을 갖고 있는 스카이블루 컬러가
궁금하다면 JKW 바바리아의 티 세트를 보라고 말하고 싶다. 블루와 골드의 조화가
돋보이는 모델로 은은한 하늘색과 강렬한 금빛이 어쩌면 이토록 잘 어울릴 수 있는지
놀라울 따름이다. 이렇게 페인팅에 자신 있으니 굳이 도자기를 생산할 이유가 없지
않았을까 추측해 본다. JKW 역시 바바리아의 수많은 채색 공방 중 하나였다.
JKW는 1930년 카를스바트Karlsbad(오늘날 체코의 카를로비바리Karlovy Vary)에서 시작된

JKW 때마리

JKW

요제프 쿠바 베르슈테테Josef Kuba Werstätte를 의미한다. 여기서 베르슈테테werstätte는 공방이라는 뜻의 독일어이다. JKW는 로열 비엔나 스타일을 설명할 때 자주 언급하는 브랜드로, 주로 아르츠베르크나 젤브의 하인리히앤코Heinlich&Co.에서 백색 도자기를 사다 그림을 그리고 장식해서 판매했던 공방이다. 프랑스의 유명 화가인 장 오노레 프라고나르Jean-Honoré Fragonard의 연인 그림을 많이 그렸기에 이 브랜드의 모델을 소개할 때 'JKW의 연인 찻잔' 이런 식으로 설명하는 곳도 많다. 1972년 창업자인 요제프 쿠바의 사망으로 그의 아들 호르스트 쿠바Horst Kuba가 사업을 물려받아 'HK' 마크로 1989년까지 사업을 이어갔다.

내가 갖고 있는 JKW 바바리아 백 마크를 보다 보면 다른 백 마크 위에 덧씌웠다는 걸 알 수 있었다. 살살 긁어보니 '로젠탈 반호프 젤브 저머니 치펜데일Rosenthal Bahnhof Selb Germany Chippendale'이라는 백 마크가 나온다. '로젠탈 반호프 젤브'로 구글링 하자 찻잔과 커피포트 형태가 비슷한 제품이 많이 보이며 이 백 마크는 1940년대에 사용했던 것으로 추정된다. 다시 말하자면 로젠탈의 백색 도자기를 JKW 바바리아에서 아름답게 페인팅한 후 판매했던 것이다. 고객인 내가 이토록 만족스러우니 바람직한 분업화가 아니었나 싶다.

✢ 화려하고 기품 있는, 바로이터 바바리아 Bareuther Bavaria

금장 장식과 장미꽃 패턴 등 바바리아 포슬린에서 자주 볼 수 있는 디자인적 요소를 갖춘 바로이터 바바리아의 찻잔은 백 마크로 유추하건대 1931년에 생산된 것으로 보인다. 일백 년 가까이 묵은 그릇치고는 금장 손실이 거의 없어 마음이 더 가는 모델이다. 바바리아의 다른 브랜드와 마찬가지로 바로이터의 그릇을 찾는 것도 힘들고 관련 설명을 찾는 것 역시 쉽지 않다.

바로이터 바바리아는 카를 마그너스 후첸로이터Karl Magnus Hutschenreuther 공장에서 경험을 쌓은 요한 마테우스 리스Johann Mathäus Riess라는 사람이 1866년 독일 바이에른주에 속한 도시인 발트자센Waldsassen에서 시작한 것으로 보인다. 안타깝게도 그는 1년 후 사망했고 그의 아들 요한 리스Johann Riess가 사업을 이어받아 1875년부터 도자기를 생산하기 시작했다. 재정적으로 불안정했던 바로이터는 여러 번 공장 주인이 바뀌었지만

19세기가 되면서 재평가를 받기 시작했다. 1904년에 공장은 기업으로 전환됐고 1930년에는 약 700명의 직원을 고용할 만큼 도자기 업계에서 인정받는다. 최고의 전성기를 구가하던 중 제2차 세계 대전이 발발했고 불행하게도 공장 시설 대부분이 파괴되는 시련을 겪게 된다. 하지만 포기하지 않고 재건에 성공했고 1969년에는 또 다른 바바리아 포슬린 브랜드인 개러이스 퀼느 앤 시에Gareis, Kühnl & Cie.와 합병해 발트자센 바로이터앤코(Waldsassen Bareuther&Co AG)라는 이름으로 다시 도자기를 제조할 수 있었다. 1980년대와 1990년대에는 바로이터 역시 다른 독일 도자기 생산업체와 같이 더 저렴한 외국 생산품과 경쟁해야 했고 재정난을 이기지 못하고 1994년에 결국 문을 닫았다. 내가 갖고 있는 찻잔과 티포트는 바로이터가 가장 반짝반짝 빛나던 시절에 만들어진 것이라서 그런지 우아하면서 발랄하고, 화려하지만 적당한 무게감과 기품이 느껴진다. 고작 이 그릇 몇 개로 150년 넘은 포슬린 회사의 발자취를 따라가 볼 수 있다니, 이 또한 앤티크 그릇 수집의 매력이 아니겠는가.

✢ 유럽 들꽃들의 향연, 크라우트하임 Krautheim

이제 막 앤티크 그릇을 모으기 시작하는 사람들에게 자주 하는 조언 중 하나가 믿을 만한 셀러를 만나라는 것이다. 그리고 꾸준히 공부하라는 것. 전자든 후자든 한쪽에만 너무 치우치면 생각하지 못한 부분에서 수업료를 지불하게 될 것이라고 덧붙인다. 유럽 이곳저곳을 직접 다니며 앤티크 경매에 참여하는 단골 앤티크 숍의 사장님은 국내로 반입된 컨테이너의 문이 열리는 날에는 내게 어김없이 연락을 준다. 보통은 우리나라 각 지방에서 작은 규모의 앤티크 숍을 운영하는 사장님들에게 연락하는데 이제는 그 그룹에 나를 끼워주는 것이다.

연락이 오면 하던 일도 제쳐 두고 달려가 먼저 컨테이너 안의 공간을 확보하고 마음에 드는 물건을 내 공간에 갖다 놓은 뒤 마지막으로 흥정하는 과정을 거쳐 우리 집 그릇장을 채운다. 그는 간혹 국내에 잘 알려지진 않았지만 소장 가치가 있는 그릇을 추천해 주기도 하는데 그중 하나가 바로 크라우트하임이었다. 당시 앤티크 숍 사장님의 추천으로 티 세트를 구입했고 원하는 양의 디너 세트를 완성하기까지 7년이라는 시간이 걸렸다. 역시 그릇 수집가의 시간은 참으로 천천히 흐르는 것 같다.

크라우트하임은 1884년 크리스토프 크라우트하임Christoph Krautheim이라는 도자기 화가가 만든 회사로 1889년 그의 처남인 리차드 아델베르크Richard Adelberg가 합류해 크라우트하임앤아델베르크Krautheim&Adelberg가 되었다. 바이에른 젤브에서 사업을 시작한 크라우트하임은 당시 바바리아의 수많은 브랜드에서 그러했듯이 채색 공방으로 시작했다가 아델베르크의 합류 이후 1912년에는 직접 도자기를 제작하기 시작했고 이후 바이에른 왕실에 제품을 납품할 정도로 승승장구했다.

내가 갖고 있는 크라우트하임 그릇은 1930년대에 출시된 시리즈로 은은한 크림색 바탕에 잔잔한 들꽃이 기품 있게 그려져 있다. 찻잔과 소서에 모두 다른 꽃이 그려져 있어서 들꽃 보는 재미가 쏠쏠하다. 다양한 종류의 들꽃뿐만 아니라 티포트처럼 큰 그릇에는 나비, 새 등등 내가 좋아하는 모티브가 모두 모여 있다. 그릇의 밑면에는 그릇에 새긴 들꽃 이름이 빼곡하게 새겨져 있고 백 마크는 K&A라고 표기되어 있다. 들꽃이라서 그런지 잔잔하고 수수해서 종류가 아무리 많아도 과하다는 생각이 들지 않는다. 7년간 모은 디너 세트를 테이블 위에 펼쳐 놓으면 굳이 먼 곳까지 꽃구경 갈 이유가 없어진다.

마이센 커피포트

크라우트하임

마이센 도자기에 화려함을 입히다
드레스덴 Dresden

작센 문화·경제의 중심지, 드레스덴

유럽 도자기사에서 가장 중요한 도시를 하나만 꼽으라고 한다면 주저 없이
드레스덴이라고 이야기한다. 드레스덴은 독일 동부에 위치한 작센주의 주도로 특히
엘베강Elbe江을 끼고 있는 구시가는 경치가 아름다워 독일의 피렌체로 불린다. 10여
년 전, 유럽 도자 여행을 떠났을 때 처음 마주했던 드레스덴의 풍광을 잊을 수가 없다.
드레스던 여행 중에 1945년 제2차 세계 대전 때 연합국의 공습을 받아 말 그대로 폐허가
됐던 드레스덴의 재건 과정을 담은 전시를 우연히 봤는데, 당시 풍경이 전시의 이미지와
대조되어 더욱 고색창연해 보였다. 드레스덴은 작센의 선제후이자 폴란드 국왕이었던
프리드리히 아우구스트 1세와 그의 아들이 재위 기간 동안 유럽 최고의 예술가, 장인,
건축가들을 동원해 완성한 도시다. 또한 예로부터 독일 남부의 문화, 정치, 상공업의
중심지로 마이센의 도자기가 24km 떨어진 드레스덴에서 판매되었다.
1869년 드레스덴 지역에는 무려 2000여 개의 채색 전문 공방이 있었다고 한다. 마이센에서
만든 백색 도자기를 각 공방에서 구매한 후 각각의 색과 스타일을 입혀 소비자들에게
판매했던 것이다. 그래서 도자기 브랜드 드레스덴은 마이센과 같이 특정 브랜드를
지칭하는 것이 아니라 드레스덴 채색 공방을 아우르는 연합 또는 조합이었을 것으로
생각된다. 그런 의미에서 드레스덴 스타일 또는 드레스덴 데코라고 부르는 것이 더 맞지
않을까. 수많은 채색 공방 중에서도 유난히 눈에 띄는 공방이 있었는데 그중 1869년
도자기 장식 스튜디오를 설립한 카를 리차드 클램Karl Richard Klemm이 가장 유명하고
헬레나 볼프존Helena Wolfsohn, 카를 티메Karl Thiem, 암브로시우스 람Ambrosius Lamm 등도
꽤나 명성을 떨쳤다.

천사 술레

드레스덴 그 자체가 거대한 브랜드

마이센과 자주 혼동되는 드레스덴 도자기. 그도 그럴 것이 드레스덴에서 채색한 도자기의 베이스는 마이센의 백색 도자기였고 이러한 이유로 초창기에는 마이센의 백 마크를 같이 사용하기도 했었다. 드레스덴의 초기 백 마크인 AR 마크와 파란 쌍검 마크는 1886년 마이센의 소송으로 사용이 금지됐고 이후 드레스덴은 알파벳 D와 크라운 마크를 사용하기 시작했다. 사실 드레스덴에서 활동하던 채색 작가들에겐 어떤 백 마크를 사용하는지는 크게 중요하지 않았을 수도 있다. 헬레나 볼프존도 마이센의 AR 마크를 사용하다가 마이센과의 소송에서 패한 후 더 이상 사용하지 못한 것으로 아는데, 그의 입장에서는 마이센 도자기를 사용하는 것이니 마이센으로 표기하는 것이 어쩌면 당연했을지도 모른다. 후대에 사람들이 도자기의 가치를 물질적인 잣대로 평가하면서 브랜드명, 생산 연도를 명확히 따질 수 있는 제품을 원했던 것은 아닐까.

근본은 마이센과 같지만 각 작가의 개성을 뚜렷하게 볼 수 있는 드레스덴 도자기를 그릇 수집가의 입장에서 반기지 않을 이유가 없다. 솔직히 앤티크 그릇 마켓에서 절대적인 우위를 차지하는 마이센의 대용품으로서 그릇쟁이의 갈증을 어느 정도 해소해 주는 것도 사실이다. 한 가지 이야기하고 싶은 것은 드레스덴을 이야기할 때 '마이센 대신'이라는 수식어만으로는 충분치 않다는 것. 마이센이 유럽 최초의 도자기 공장이 문을 열면서 유명해진 도시라면, 독일의 예술·문화의 중심지였던 드레스덴은 이미 완성형 도시였으며 이를 기반으로 자연스럽게 실력파 작가들이 크고 작은 채색 공방을 열어 자신만의 예술성을 확립하고 독창적인 아름다움을 선보일 수 있었다. 다시 말해 드레스덴은 도시 자체가 하나의 거대한 도자기 브랜드였을 것이라고 생각한다.

✤ 드레스덴 도자기의 위상을 드높인, 카를 티메 드레스덴 Karl Thime Dresden

보유 중인 드레스덴 제품 중 가장 좋아하는 것 중 하나인 카를 티메 드레스덴의 티포투tea for two 세트는 흰 바탕에 갈런드garland 패턴과 화려한 핑크 컬러가 눈에 띈다. 2인용 티포트, 슈거볼, 크리머, 잔 2개에 트레이까지 갖춘 세트이고 작은 모카잔 구성이라 더 사랑스럽다. 아침에 눈뜨자마자 침실에서 기분 내기 딱 좋은 티 세트가 아닐까. 카를 티메 드레스덴은 백색 도자기를 구입한 후 채색해서 판매하기도 했지만 직접 도자기를 생산하기도 했는데, 이 때문인지 색감도 눈에 띄지만 도자기 형태도 카를 티메만의 독보적인 스타일이 있다.

1864년 드레스덴에서 도자기 및 골동품 가게로 시작했던 카를 티메Karl-Johann Gottlob Thieme는 1872년 잭스셔 포르젤란-파브리크 카를 티메Sächsische Porzellan-Fabrik Karl Thieme라는 이름의 도자기 공장을 설립해 아름다운 꽃 장식과 독특하고 화려한 페인팅으로 명성을 얻었다. 이 공장은 드레스덴에서 약간 떨어진 포츠차펠Potschappel 지역에 있었는데 회사를 확장하면서 땅값이 비싼 드레스덴 대신 선택한 것이 아닌가 추측해 본다. 1888년 창립자였던 카를 티메가 세상을 떠나고 그의 재능 있는 사위인 카를 아우구스트 쿤츠쉬Karl August Kuntzsch가 사업을 이어받아 카를 티메 드레스덴은 국제적인 명성을 다지게 된다. 1900년 프랑스 파리에서 열린 만국 박람회(세계 여러 나라가 참가해 각국의 생산품을 전시하는 국제 박람회로 현재는 엑스포로 불린다.)의 메달 획득을 계기로 각종 미술 전시에 참여하면서 드레스덴 도자기를 세계적으로 유명하게 만들었던 것. 현재 우리가 자주 접할 수 있는 드레스덴의 독특한 플라워 페인팅 제품들이 이 시기에 만들어졌다.

같은 드레스덴 브랜드이지만 카를 티메의 백 마크는 또 다르다. 카를 티메 드레스덴은 1902년부터 블루 컬러의 'SP 드레스덴' 마크를 사용하기 시작해 지금까지 사용하고 있다. 카를 아우구스트 쿤츠쉬가 사망하자 자손인 에밀 알프레드 쿤츠쉬Emil Alfred Kuntzsch가 사업을 이어갔으나 2차 세계 대전 때 경영권을 빼앗겼고 1972년에 국유화되어 외화벌이를 위해 저렴한 가격에 제품을 수출하기도 했다. 다행히 민영화된 이후 1998년 전문 직원을 교육하기 시작해 카를 티메 드레스덴의 명성을 이어가고 있다.

✛ 최고의 센터피스, 천사 샬레와 네발 샬레 Porzellan Putten-Schale

학창 시절, 과학 실험실에서 한 번쯤 봤던 샬레schale는 독일어로 움푹 팬 접시, 그릇이라는 뜻을 갖고 있다. 드레스덴 그릇을 보다 보면 '네발 샬레', '천사 샬레'라는 이름을 종종

카를 티메

들게 되는데 특정 브랜드나 라인을 지칭하는 것이 아닌 그릇의 형태를 부르는 말로 일종의 고유 명사처럼 쓰인다. 그중에서도 지금까지 계속 그릇을 생산하고 있는 카를 티메 드레스덴의 SP 드레스덴 백 마크를 가진 천사 샬레는 크기별로, 스타일별로 모두 갖고 싶을 정도로 사랑스러운 그릇이다. 드레스덴 카를 티메의 가장 큰 특징인 화려한 꽃 장식과 색채, 골드 장식이 이 샬레에서도 잘 드러나며 로코코와 바로크, 보헤미아의 아름다운 장식미가 적절하게 조화를 이루었다.

샬레를 받치고 있는 세 명의 아기 천사인 푸토putto(아기라는 뜻을 가진 이탈리아어)는 빨간 볼과 포동포동한 살집이 귀엽게 잘 묘사되어 만져보고 싶을 정도. 봉봉 볼bonbon bowl처럼 초콜릿이나 사탕 같은 간식을 담아 식탁 위에 센터피스 삼아 놓으면 이 아이템 하나만으로도 독일의 여느 가정집에 와 있는 느낌이 든다. 이것이 그릇이 주는 힘이 아닐까. 보유 중인 또 다른 샬레는 다리가 네 개 달려 있고 푸토와 꽃까지, 내가 좋아하는 모든 요소를 한꺼번에 담고 있다. 그릇을 뒤집어 보면 아래쪽 디테일도 좋아서 세웠다가 뒤집었다가 하루 종일 가지고 놀아도 질리지 않는다. 다만 꽃 장식이 섬세해서 주의가 필요하고 발이 달려 있어 적층 보관은 힘들어 전용 그릇장에 따로 보관하는 중이다.

❖ 드레스덴의 마스터피스, 레이스 피겨린 Lace Figurine

마이센에서 1709년 경질 자기를 생산하기 시작했고 드레스덴 지역에는 도자기 공장은 없었지만 마이센 도자기를 장식하는 수많은 채색 공방이 자리하기 시작했다. 당시 채색 공방의 예술가들이 애용하는 가장 유명한 기법 중 하나가 레이스 피겨린이었다. 피겨린figurine은 도자기로 만든 사람이나 동물 인형을 뜻하며, 주로 테이블 위 센터피스로 사용한다. 영국이나 미국의 수집가들에게 드레스덴의 도자기나 피겨린은 곧 마이센을 의미하는 것이나 다름없다고 한다. 실제로 정교하게 만든 레이스 피겨린 작품은 드레스덴보다 미국이나 영국 등 다른 나라에 남아 있는 것이 더 많다. 드레스덴은 유독 전쟁 피해를 많이 본 지역이므로 숨만 쉬어도 깨진다는 드레스 피겨린이 드레스덴에서 생존하기란 쉽지 않았을 것이고 당시 외교 선물 등으로 유출되었던 제품이 세계 곳곳에 남아 있는 것이다.

내가 갖고 있는 레이스 피겨린은 드레스덴 지역에 사는 지인에게 직접 선물 받은 것이다. 높이가 각각 4cm, 7cm일 정도로 매우 작지만 그 어떤 대형 작품보다 나에게는 의미가 깊다. 레이스 피겨린을 직접 만들어본 후로는 이 작업이 얼마나 섬세하고 정교한지 알기에 이 작은 인형들이 더 소중하게 느껴진다. 레이스 피겨린 만드는 방법은 섬유 레이스에 흙물을 입히고 이 레이스를 한 땀 한 땀 주름을 잡아 인형에 붙인다. 꽃과 리본 등 디테일까지 전체적으로 완성시킨 후 1,200℃ 이상 고온에서 구우면 섬유인 레이스는 모두 타고 흙물만 남는다. 1차 소성 후 유약을 바르고 얼굴을 그리는데 이건 더 어렵다. 작은 실수로도 레이스가 깨질 수 있으니 긴 붓을 잡고 부들부들 떨며 눈, 코, 입을 그려 넣어야 한다. 레이스 피겨린을 보면 얼굴 표정이 제각각이고 때로는 이목구비가 조금 '못생긴' 인형을 만나기도 하는데 충분히 이해되는 대목이다. 그저 100년의 세월을 담담하게 견디고 레이스를 온전하게 지켜낸 '이 쪼꼬미'들이 고마울 뿐이다.

Germany

드레스덴 레이스 피겨린

자기가 만든 레이스 피겨린

실용성과 디자인을 모두 잡은 독일 대표 도자기
로젠탈 Rosenthal

세계적 포슬린 기업의 탄생

독일에는 마이센, 드레스덴 외에도 유명한 포슬린이 참 많다. 그중 로젠탈 그룹의 많은
라인은 정말 사랑하지 않을 수 없다. 100년이 넘는 역사를 지녔으면서 디자인적인
아름다움과 실용적인 면을 모두 갖추고 있기에 '그릇은 쓰기 위해 모으는 것'이라는
나의 수집 방향과 딱 맞는 브랜드이기도 하다. 또한 라인별 디자인의 종류도 매우 다양해
모으는 재미가 쏠쏠하니 어찌 좋아하지 않을 수 있을까.
로젠탈이 그릇의 장식적인 면에만 치우치지 않고 실질적인 쓸모를 고려한 데에는
당시 도자기 회사들과 달리 왕실이나 귀족 가문이 아닌 평민 출신의 필리프
로젠탈Philip Rosenthal이 만든 브랜드이기에 가능했을 수도 있다. 원래 로젠탈은
앤티크 그릇 수집가들에게 인기가 높은 빌레로이앤보흐나 후첸로이터처럼 독일
바이에른Bayern(영어로는 바바리아Bavaria)주의 도시인 젤브Selb에서 주로 가정용 식기
세트를 생산하는 회사였다. 1879년 필리프 로젠탈이 백색 도자기를 구입해 그림을 그려서
파는 채색 공장으로 시작했다가 1891년에는 자체적으로 도자기를 생산하게 되었다.
1900년대 들어와 여러 도자기 회사를 사들이고 1936년에 유명한 발더스호프Waldershof를
합병 인수해 로젠탈 제국을 세우게 된다. 1997년 영국 웨지우드에 지분을 넘기고
2009년 웨지우드가 파산하면서 다시 이탈리아 회사가 인수해 현재는 로젠탈을 비롯해
아르츠베르크, 토마스 등의 도자기 브랜드를 함께 전개하고 있다.

로렐탈 커피포트

국제적인 디자인으로 발전

필리프 로젠탈은 회사의 규모를 키우고 도자기의 품질 기준을 확립하는 데 많은 노력을 기울였다. 하지만 안타깝게도 당시에는 로젠탈의 가치가 크게 빛을 발하지 못했다고 한다. 2차 세계 대전 이후 유럽의 도자기 산업은 비슷한 복제품이 많이 나온 시기로 마이센의 커피포트 몰드를 독일의 모든 포슬린 회사에서 사용하지 않았나 생각될 정도로 비슷한 형태가 많았기 때문. 이후 1950년 그의 아들인 필리프 로젠탈 주니어가 합류하면서 도자기의 품질은 물론이고 디자인적으로도 눈에 띄는 발전을 이루게 되었다. 필리프 로젠탈 주니어는 유명 디자이너들을 지속적으로 영입해 각종 도자기 대회에서 우수한 성과를 보이며 브랜드의 위상을 높였다. 지금의 로젠탈은 스튜디오 라인과 보급품 라인으로 나누어지는데, 스튜디오 라인에서는 세계적인 아티스트들과 협업한 한정판 컬렉션을 출시해 가치를 더욱 높이고 있다.

한편 로젠탈의 가장 유명한 그릇은 마리아 화이트Maria White 라인이다. 필리프 로젠탈이 영국 여행에서 구입한 은색 찻주전자의 모양을 본떠 만든 모델로 그의 부인인 마리아의 이름을 따서 출시했다고 알려져 있다. 깔끔한 디자인에 고전적이면서 우아한 패턴이 특징으로 1879년 생산을 멈추었고 1929년부터 다시 생산하기 시작했다. 브랜드에 최고의 부를 안겨준 모델이지만 신기하게도 아직까지 단 한 번도 직접 본 적은 없다. 기회가 닿지 않아 보유할 생각을 해본 적도 없는데 로젠탈의 또 다른 베스트셀러인 상수시Sanssouci 라인만 10여 가지를 갖고 있는 것을 보면 인연이 되는 그릇은 따로 있구나 싶다.

✢ 궁전을 모티브로 한 그릇, 상수시 Sanssouci

로젠탈 그릇 하면 상수시 라인을 먼저 떠올릴 정도로 유명하고 현재 알려져 있는 패턴만 200여 가지로 매우 다양하다. 같은 몰드를 사용했기 때문에 형태는 같지만 패턴이 모두 달라 상수시 티포트를 한데 모으면 보는 재미가 쏠쏠하다. 상수시는 독일 포츠담에 위치한 로코코 스타일의 궁전으로 원래 포도밭이었던 곳을 프로이센 왕국의 프리드리히 2세Friedrich II가 1745년 새롭게 지은 별궁이다. 당시에는 호화로운 궁전을 짓는 것이

유행이었지만 프리드리히 2세는 남의 눈에 띄지 않는 소박한 궁전을 원했다고 한다. 하지만 그때의 기준으로 소박할 뿐 실제로는 당대 최고의 건축가들이 참여해 중국풍 다도실, 아름다운 정원 등의 특별한 공간을 만들었고 훌륭한 예술품들이 많이 남아 있어 독일 예술의 산실로 평가받고 있다.

일반적으로 '상수시 궁전'이라고 하면 실제 궁전과 그 중심에 흩어져 있는 부속 건물들, 정원 그리고 멀리 베를린 외곽까지를 통틀어 말한다. 로젠탈의 상수시 라인은 상수시 궁전의 벽에 장식된 부조를 그대로 옮겨 와 패턴화한 것이 특징이다. 그중 가장 인기 있는 패턴은 상수시 디플러매트Sanssouci Diplomat로 우아한 골드 장식의 손잡이와 그릇 가운데에 위치한 플라워 부케는 로젠탈 상수시의 품격을 보여준다. 디플러매트는 '외교관'이라는 뜻의 영어 단어인데 당시 독일에서 각국의 외교 사절단이 왔을 때 사용했던 식기가 아니었을까 상상해 봤다. 이토록 아름답고 럭셔리한 식기로 만찬을 제공 받으면 타협하지 못할 일이 있을까.

상수시 샹티이Sanssouci Chantilly는 우연히 한 번 보고 마음을 홀랑 빼앗겨 한동안 속앓이했던 그릇이다. 1985년부터 1988년까지만 생산된 모델로 그 희소성만큼이나 소유하고 싶은 욕구가 강했던 모델이기도 하다. 샹티이는 프랑스 파리 근교의 성 이름으로 로젠탈의 샹티이는 푸른 기가 도는 그레이 컬러가 오묘한 오라를 뿜어내고 프랑스 전통 샹티이 레이스를 섬세한 음각 패턴으로 표현했다. 화려한 꽃이 있는 것도, 금장이 둘러진 것도 아닌데 충분히 고급스럽고 깊은 여운이 남는 그릇이다. 다행히 나와 인연이 될 그릇이었는지 구매 의사를 밝힌 후 오래지 않아 셀러에게 긍정적인 답변을 받았다. 가격이 만만치 않았으나 혹시나 셀러의 마음이 바뀔까 봐 에누리 없이 지불했던 기억이 있다. '간절히 원하면 이루어진다.'는 삶의 진리를 이렇게 그릇을 통해 배웠다.

❖ 유니크한 디자인과 컬러에 반하다, 반호프 Bahnhof

앤티크 그릇을 수집하던 초창기에 자주 거래하던 이태원의 앤티크 숍에서 로젠탈 반호프를 발견하고 독특한 모양과 신비로운 컬러에 반했었다. 당시엔 정확히 어떤 모델인지 알지 못했고 로젠탈 백 마크만 확인하고 덜컥 품에 안았었다. 백 마크로 유추해 보건대 해당 모델은 1936~1938년에 출시된 것으로 생각되며 시기상 로젠탈 최고 전성기에 나온 디자인이 아닐까 짐작해 본다.

로젠탈은 앤티크 그릇 수집가들에게 매우 익숙한 브랜드지만 독특한 골드 그러데이션 컬러의 반호프 라인을 갖고 있는 사람은 아직까지 만난 적이 없다. 현재 내가 보유 중인 길쭉한 형태의 디자인은 해외 직구 사이트에서조차 본 적이 없는 매우 귀한 모델이다. 구글링을 통해 이 모델이 플램골데코르flammgoldekor라는 것 정도만 알아냈을 뿐이다. 반호프bahnhof는 독일어로 기차역이라는 뜻인데 그릇의 형태가 길쭉해서 그렇게 지었나 추측해 본다. 손잡이가 매우 가늘지만 그릇 자체의 무게 또한 가벼워서 사용하기에 전혀 문제될 것이 없다. 또한 티 세트의 크리머와 슈거볼은 마이센의 웨이브 릴리프와 비슷한 느낌이 든다. 좋아하는 상수시 라인과는 또 다른 느낌의 로젠탈 반호프. 그때 내가 이 그릇의 가치를 잘 알지 못해 놓쳤다면 억울해서 어찌 살았을까 싶다. 새삼스럽지만 앤티크 그릇을 향한 열정과 안목에 대해 스스로 칭찬해 본다.

Germany

로젠탈 한호프 프뮬레 도자

시대를 초월한 다채로운 컬렉션을 선보이다
후첸로이터 Hutschenreuther

틈새시장 공략에 성공한 후첸로이터

마이센의 쯔비벨무스터 라인을 소개할 때, 그리고 로젠탈 도자기 회사가 위치한 독일 바이에른(영어로는 바바리아)주의 도시를 설명할 때 언급한 적이 있는 독일의 도자기 브랜드 중 하나인 후첸로이터. 유럽 도자기의 시작이 마이센이니 후발대로 출발한 독일의 수많은 도자기 브랜드가 마이센의 영향을 받았다고 해도 과언이 아니다. 그중 마이센 덕을 많이 본 후첸로이터는 지금은 일종의 대명사처럼 취급되는 석류꽃 문양의 쯔비벨무스터 패턴으로 유명세를 탔다. 마이센의 쯔비벨무스터가 워낙 고가여서 '가까이하기에는 너무 먼 당신'이라면, 후첸로이터의 쯔비벨무스터는 패턴의 퀄리티는 유지하되 대중적인 가격으로 출시해 많은 사람들의 사랑을 받았던 것. 한편 독일 마이센에서 시작된 도자기는 바이에른주의 도시인 젤브에서 성업을 이루었는데 이 지역에서 가장 크고 유명했던 회사가 바로 후첸로이터였다. 일반적으로 바바리아 지역에서 생산되었던 수많은 도자기 브랜드를 뭉뚱그려 '바바리아 도자기'로 통칭하지만 후첸로이터는 워낙 규모가 크고 출시된 패턴이 다양해서 별도로 소개하기로 한다.

후첸로이터의 창립자는 도자기 화가였던 카를 마그너스 후첸로이터Karl Magnus Hutschenreuther로 1814년 도자기 제작 비법이었던 고령토를 발견하고 바바리아 지역에 자신의 이름을 딴 도자기 공장을 설립했다. 이후 1857년 그의 아들 로렌즈 후첸로이터Rorenz Hutschenreuther가 젤브에 두 번째 공장을 설립해 운영하다가 1969년 두 회사는 합병하게 된다. 후첸로이터의 트레이드마크인 사자 모티브의 백 마크는 1919년 독일 화가인 파울 클레Paul Klee가 디자인한 것으로 로렌즈 후첸로이터가 운영하던 공장에서 처음 사용되었다고 알려져 있다. 200년이 넘는 역사를 가진 후첸로이터는 현재

후체토이타

로젠탈 그룹에 편입되어 있지만 여전히 존재감을 과시하고 있다.

패턴을 몰라도 탐나는 그릇

한번은 후첸로이터의 백 마크를 가진 동양적인 느낌의 도자기를 사들였으나 패턴
이름을 찾지 못해 끙끙 앓았던 적이 있다. 당시 이름을 알아내기 위해 눈도장을 찍었던
후첸로이트의 패턴만 3,000개가 넘는데도 결국 찾지 못했다. 이국적인 디자인에 끌려 백
마크만을 확인하고 덥석 데려온 티 세트로 팔각형의 각진 디자인과 컬러 조합이 일본을
대표하는 패턴 중 하나인 가키에몬을 떠오르게 한다. 유백색 도자기에 감색의 붉은빛을
내는 방법으로 만든 가키에몬 도자기는 중국의 청화 백자와 더불어 17세기 유럽에 많은
양이 수출되었다. 마이센의 쯔비벨무스터 패턴으로 부를 이룬 후첸로이터라면 당시 큰
인기를 끌었던 가키에몬 스타일도 따라 하지 않았을까 혼자 추측해 본다. 새로운 패턴을
만나면 제 이름을 알아야 직성이 풀리는 성격이긴 하지만 디자인이 마음에 들어서 내 품에
들인 것이니 그 이름을 모르면 또 어떠할까 싶다. 덕분에 후첸로이터의 패턴이 이토록
다양하다는 것을 배웠으니 그걸로 됐다.

✤ 독일 도자기의 종합 선물 세트, 드레스덴 모리츠부르크 Dresden Moritzburg
독일 도자기를 접하다 보면 심심치 않게 들을 수 있는 '드레스덴'과 '모리츠부르크'는
모두 독일의 지역명이다. 드레스덴은 작은 도시 마이센에서 30km 정도 떨어진 곳에
위치한 작센 공국의 수도였고, 모리츠부르크는 드레스덴과 마이센 사이에 있는 지역이다.
모리츠부르크에는 바로크 양식으로 지어진 아름다운 모리츠부르크Moritzburg 성이 있다.
후첸로이터의 수많은 라인 중 하나인 '드레스덴 모리츠부르크'와 이 아름다운 궁전과의
직접적인 연관성은 찾지 못했으나 로열패밀리의 삶을 동경했던 사람들의 마음을 움직이기
위해 지역을 대표하는 성과 연결시킨 것은 아닌가 짐작해 본다.
앤티크 그릇을 모으다 보면 이 티포트처럼 꽃다발 패턴이 새겨진 것을 심심찮게

볼 수 있다. 이러한 부케 패턴은 특히 드레스덴 제품에서 많이 보이므로 '드레스덴 스타일'이라고도 한다. 화려한 부케 패턴이 도자기의 곡선과 잘 어우러져 여성스럽고 우아함을 선사한다. 또한 꼭지와 뚜껑 등에 포인트를 준 금장 테두리가 고급스러움을 더한다. 무엇보다 도자기 표면의 음각과 뚜껑 꼭지의 유니크한 디자인이 돋보이는 모델이다. 티포트와 커피포트, 디너 세트까지 풀 세트를 펼쳐 놓고 감상하는 것도 좋지만 이렇게 하나의 아이템만 보더라도 디자인의 디테일이 충분히 느껴진다. 나는 오늘도 앤티크 도자기를 통해 꽃을 본다.

✢ 블루 피시네츠 패턴이 매력적인, 마리아 테레지아 코부르크 Maria Theresia Coburg

앤티크 그릇 이름을 처음 접하면 익숙하지 않은 언어이기에 어렵게 느껴지지만 뜻을 알고 나면 대체로 '빤하게' 생각된다. 독일의 포슬린들은 지역 이름을 사용한 것이 많고, 독일이든 영국이든 여성의 로망을 자극하는 이름을 붙인 것이 대부분이기 때문. 후첸로이터의 마리아 테레지아 코브르크도 마찬가지이다. 코브르크는 독일 중부 튀링겐 지방에 있던 작센코부르크고타Sachsen-Courg und Gotha 공국의 수도였던 곳으로 1920년 바이에른주에 편입됐다. 작센코브르고타 공국은 예로부터 문화가 발달했으며, 특히 16세기부터 지어진 아름다운 건축물이 많이 남아 있는 곳으로 유명하다. 당시 영향력을 행사하던 지역과, 포슬린과 예술을 사랑했던 마리아 테레지아 황후의 이름을 그릇 이름에 활용한 것으로 보인다. 지금도 그렇지만 뭐든 제일 좋은 것을 갖다 붙여야 제품이 잘 팔릴 수밖에 없으니까.

내가 가장 좋아하는 파란색을 적절히 아름답게 표현한 마리아 테레지아 코브르크. 커피 세트 6인조, 티 세트 6인조를 합쳐 12명이 함께 티타임을 즐길 수 있는 풀 세트를 갖고 있다. 티타임 내내 따뜻한 차를 마실 수 있도록 도와주는 워머는 개인적으로 좋아하는 아이템으로 가급적 티포트와 함께 구입하는 편이다. 특이한 점은 마이센과 린드너 모델에서 종종 볼 수 있는 그물 모양의 피시네츠fishnets 패턴을 마리아 테레지아 코브르크에서도 볼 수 있다는 것. 두 브랜드 외에도 전반적인 독일 제품에서 볼 수 있는 독특한 디자인인 것 같다.

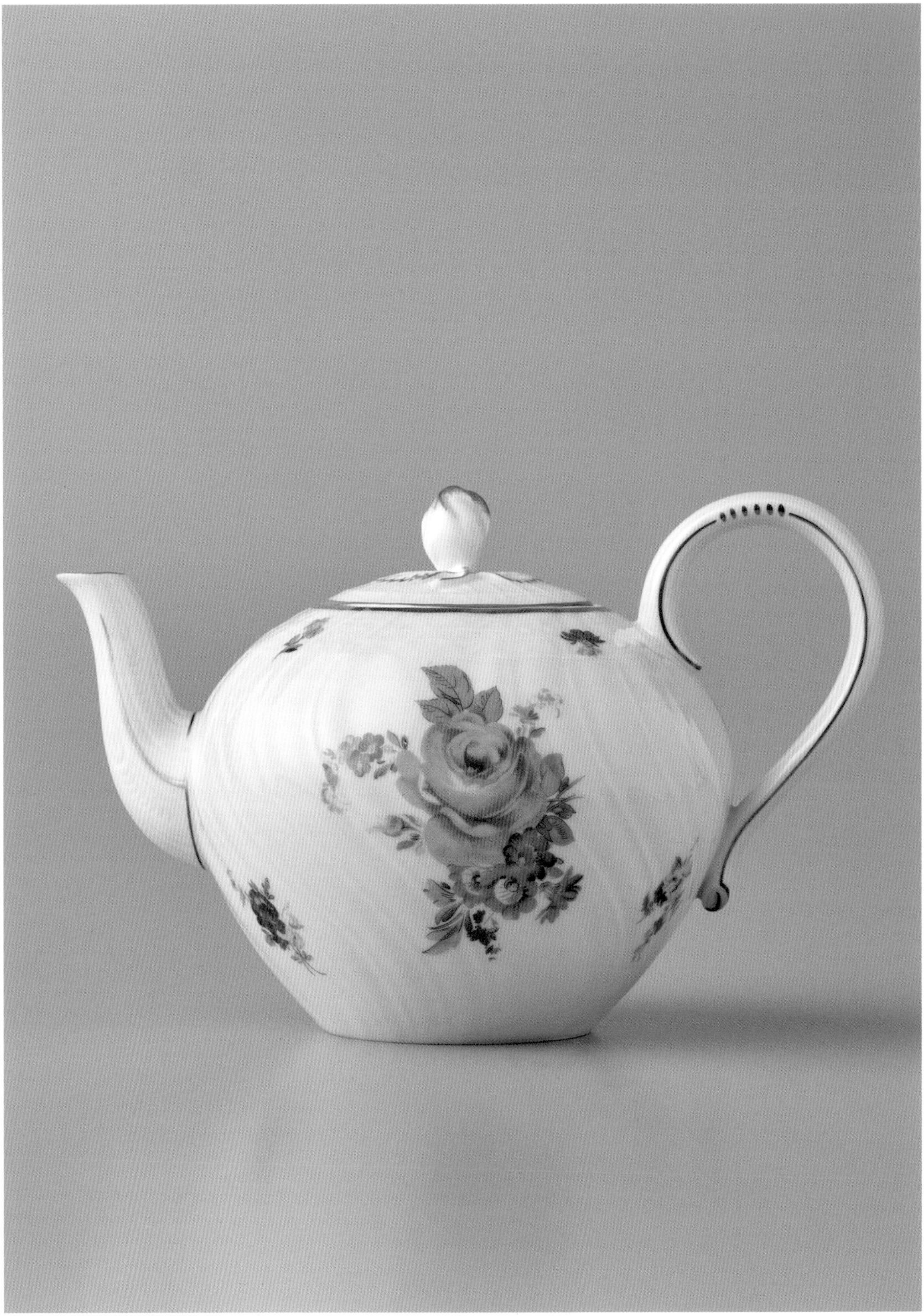

후첸로이터 드레스덴 모리츠부르크

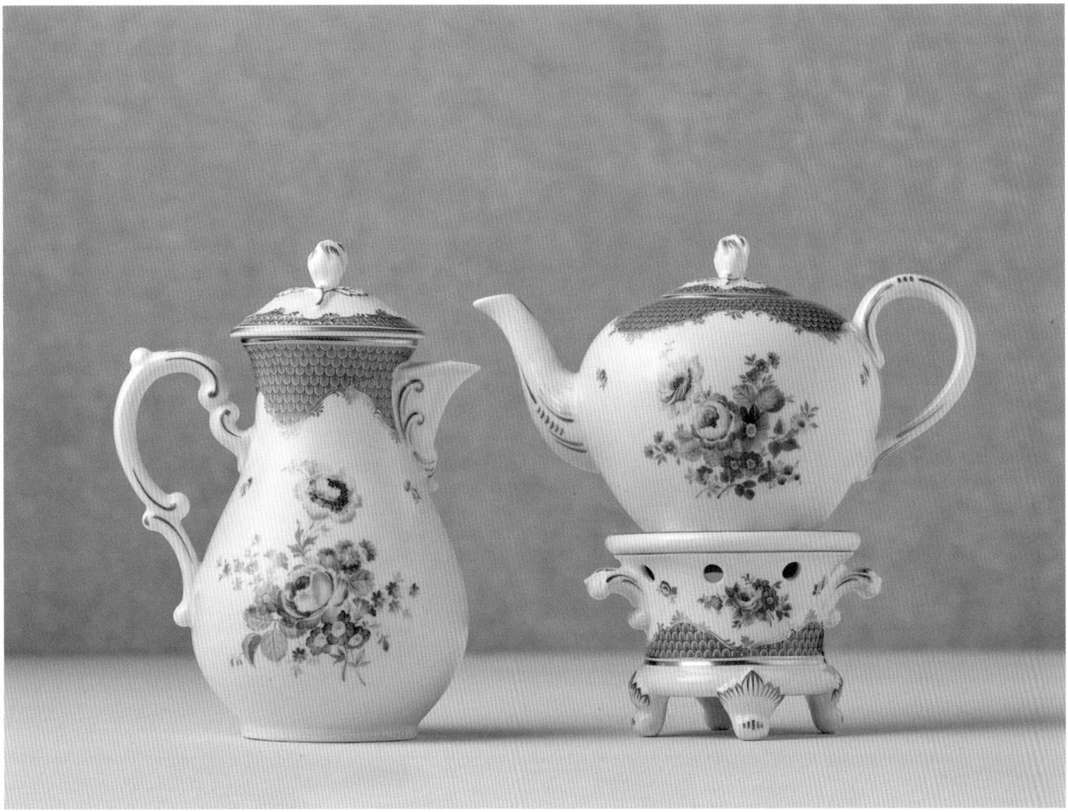

합리적인 독일 그릇의 대명사
빌레로이앤보흐 Villeroy&Boch

호불호 없는 독일 포슬린

앤티크 그릇을 좋아하는 사람도, 모던한 그릇을 좋아하는 사람도 하나씩은 가지고 있을
정도로 빌레로이앤보흐는 국내에서 가장 대중적인 독일 그릇 브랜드라고 할 수 있다.
포슬린 브랜드는 지역명 또는 설립자 이름에서 유래된 것이 많은데, 빌레로이앤보흐역시
두 명의 설립자 이름을 따서 만들어졌다. 1748년 이름난 주철 업자였던 프랑수아
보흐François Boch가 세 아들과 함께 할 수 있는 안전한 일을 찾다가 도자기를 제조한 것이
빌레로이앤보흐의 시작이다. 그는 1766년 룩셈부르크의 셉폰테인Sepetfontaines 근처에서
도자기 공장을 운영했고 1836년 경쟁사인 니콜라스 빌레로이Nicolas Villeroy와 합병해
빌레로이앤보흐가 탄생했다.

우리는 빌레로이앤보흐를 식기 브랜드로만 알고 있지만 유럽에서는 건축 타일로도
유명하다. 1869년 빌레로이앤보흐는 건축 타일을 전문으로 하는 첫 번째 제조 공장을
열어 독일 쾰른 대성당 바닥을 비롯해 19세기의 수많은 성당과 극장, 성곽, 고급 호텔의
마감재를 책임지며 명성을 높였다. 현재까지도 빌레로이앤보흐는 식기 부문과 주거(욕실)
부문을 사업 성장의 원동력으로 삼고 여러 가지 사업의 다각화를 실천하고 있다.

사실 앤티크 그릇쟁이로서 빌레로이앤보흐는 그렇게 매력적인 브랜드는 아니다. 대부분의
패턴이 여전히 생산되고 있어 희소성과는 거리가 멀기 때문이다. 하지만 두툼해서
사용하기 편하고 예쁘기 때문에 그릇이라는 커다란 카테고리에서는 이만한 브랜드가
없다. 그래서 신혼부부나 이제 막 그릇에 관심을 갖기 시작한 사람들이 맨 처음 보유하는
그릇이 바로 빌레로이앤보흐가 아닐까 싶다.

남부르크의 스프로이

화려하면서도 차분한 플라워 패턴, 파산 Fasan

1983년부터 1991년까지 생산됐다가 단종된 라인으로 빌레로이앤보흐의 다른 제품처럼 두툼해서 식기로 편하게 사용할 수 있는 그릇이다. 파산fasan은 독일어로 '꿩'이라는 의미인데, 정작 이 그릇의 패턴은 꽃과 공작새로 알려져 있다. 그릇을 아무리 들여다봐도 꼬리가 길고 화려한 것이 공작새가 맞는 것 같은데 왜 파산이라고 이름 붙였을까 곰곰이 생각해 본다. 아니면 비교적 화려한 외모를 가진 장끼를 표현한 것은 아닐까 싶다. 뭐가 사실이든 중요한 것은 아니지만 그릇에 얽힌 정보를 하나라도 더 알고 싶은 그릇쟁이의 마음이다.

레드, 그린, 블루까지 세 가지 컬러로 보유 중인데 그중 파산 블루는 비교적 오래된 것으로 1900년에서 1912년 사이의 백 마크를 가지고 있다. 이렇게 같은 라인의 그릇을 여러 컬러로 보유하고 있으면 테이블 세팅 시 믹스 앤 매치 할 때 유용하다. 빌레로이앤보흐파산은 독일 드레스덴에 사는 지인을 통해 구한 것으로 인연의 소중함을 다시 한번 느끼게 해준 그릇이다.

밝은 노란색과 흑백 패턴의 조화, 아우든 Auden

개나리의 노란색과 유럽의 목가적인 풍경이 먼저 떠오르는 아우든 시리즈는 빌레로이앤보흐의 창립 250주년을 기념해 1998년에 처음 출시됐다. 아우든은 빌레로이앤보흐의 뿌리라고 할 수 있는 첫 번째 공장(사실 공장이기보다는 도공 작업장에 가까웠다.)이 있었던 아우든르티셰Auden-le-Tiche라는 프랑스 작은 마을의 전경을 흑백으로 표현했다. 샐러드 접시의 패턴은 프로메네이드promenade, 플레르fleur, 펌ferme, 체이스chasse 이렇게 총 네 가지로 구성되어 있어 여러 가지 느낌으로 믹스 앤 매치 해서 사용하기 좋다. 독일 도자기에서 프랑스의 정취를 느낄 수 있다는 것 역시 빌레로이앤보흐만의 특징이 아닐까 싶다. 빌레로이앤보흐의 공장은 프랑스와 독일에서 각각 운영하다 비교적 최근에 독일로 옮겨 온 것으로 알고 있다. 프랑스의 전통 의상을 입은 아이들을 표현한 앙시Hansi 라인 역시 독일의 기술력과 프랑스의 디자인이 합쳐진 결과라고 볼 수 있다. 아우든은 고어로 '오래된 친구'라는 의미도 담고 있는데 빌레로이앤보흐 브랜드 그 자체를 설명하는 가장 좋은 단어인 것 같다.

❖ 아르 데코 패션을 말하다, 디자인 1900 Design 1900

빌레로이앤보흐에서 가장 독특한 패턴을 꼽으라면 단연 '디자인 1900'을 이야기한다.
패턴명에서 짐작할 수 있듯이 1900년대의 아르 데코 패션을 입은 여성을 표현한 것으로
1980년대부터 1990년대까지 생산한 그릇이다. 아르 데코Art Déco 패션은 제1차 세계
대전이 터지기 직전, 격동기의 1910년대 패션 스타일을 의미한다. 이때는 여성들의 활발한
사회 진출과 더불어 동등권, 참정권이 안정된 시기로 플래퍼flapper로 불리는 신여성들이
패션 스타일을 주도했다. 영화 〈미드나잇 인 파리〉에서 주인공 오웬 윌슨이 밤마다 만났던
1920년대 예술가들의 옷차림이 바로 아르 데코 패션이다.

디자인 1900 라인을 통해 총 6개의 다른 여성을 만나볼 수 있는데 특이하게 패턴마다
번호가 있다. 그릇 속 여성들의 의상이 워낙 화려해서 테이블 위에 다 같이 펼쳐 두면
파리의 파티장에 온 것 같은 느낌이 든다. 나는 그릇 수집 정보를 얻을 때 그릇 직구
사이트인 리플레이스먼트(www.replacements.com)를 비롯해 이베이, 외국의 경매 사이트를
주로 이용하는데 디자인 1900은 예쁘면서 워낙 독특한 디자인이라서 기회가 된다면 한두
점씩 소장해도 좋을 것 같다.

괭폐로이앤보호 판산

블랙커피하우스

웨지우드앤드본 티포트
(왼쪽부터) 디자인 1900 바스켓 가든 아우드

서독을 대표하는 명품 도자기
린드너 Lindner

독일 도자기 명가, 린드너

앤티크 그릇을 이야기할 때 독일을 먼저 이야기할 수밖에 없는 이유는 유럽 최초의 청화
백자를 마이센에서 개발했고 마이센 공장이 위치한 작센을 비롯해 바이에른, 튀링겐 등
주요 고령토 산지를 중심으로 독일 도자기 산업이 발전했기 때문이다. 독일의 수많은
도자기 회사 중 일부는 특정 패턴 하나가 곧 브랜드를 대표하기도 하고, 어떤 회사에서는
수천 개의 패턴을 보유하고 있기도 하다. 패턴과 그릇의 형태만 보고 브랜드를 짐작할 수
있는 곳도 있고, 반면 그릇 바닥의 백 마크를 확인해야만 브랜드를 알 수 있는 곳도 있다.
인수·합병 등 회사 내의 변화가 적을수록 브랜드의 정체성을 유지하기 수월한데 최소
100년에서 많게는 300년 가까이 된 앤티크 그릇 회사에서 변화는 곧 생존을 의미하기에
크고 작은 변화를 겪지 않은 곳은 없다고 봐도 무방하다. 그중 린드너는 몇 번의 내부적인
변화를 겪었음에도 초기 스타일을 비교적 잘 유지하는 브랜드 중 하나이다.
린드너는 패턴도 린드너답지만 그림 없이 봐도 린드너임을 바로 알 수 있을 정도로
도자기의 형태가 클래식하다. 포트와 잔의 손잡이는 딱 떨어지는 라인이 아니라 한 번
이상 변형을 주었고 접시 라인도 매끈하지 않고 독특하다. 독일의 대표적인 도자기 명가인
린드너는 1928년 바이에른 크로나흐Kronach의 시장(커뮤니티)인 킵스Küps에 있는 도자기
제조업체 포르젤란파브리크 에델슈타인Porzellanfabrik Edelstein에서 교육을 받은 에른스트
린드너Ernst Lindner에 의해 탄생했다. 그는 처음에는 초를 판매했고, 1933년부터 도자기
생산을 시작했다고 한다. 1951년 에른스트의 형제인 루이스Louis가 합류해 작센과 튀링겐
스타일을 기반으로 한 다양한 디너 세트를 선보였다. 1979년에는 베르너 고셀Werner
Gossel이라는 사람이 커머셜 디렉터를 맡았고, 이를 계기로 1990년에 고셀 가문에서 회사를

인수해 현재까지 소규모 주문 제작으로 가업을 이어가고 있다.

내가 보유 중인 린드너는 앤티크 제품이지만 요즘 생산되는 제품과 비교해도 큰 차이를 느낄 수 없을 정도로 퀄리티가 우수하다. 린드너의 대표 컬러인 살몬salmon(연어색)의 경우 일반적인 색상은 아니어서 디테일을 표현하기 쉽지 않을 텐데 이 역시 육안으로 봤을 때 같다고 느낄 정도로 거의 차이가 없다. 그만큼 고셀 가문에서 전통을 잘 잇고 있다는 생각이 들고 대량 생산이 아닌 소규모 주문 제작이기에 가능하지 않을까 싶다. 린드너의 티 세트는 디자인이 예쁜 것은 말할 것도 없고 사용감이 좋아서 마음 같아서는 전 라인을 컬러별로 보유하고 싶다. 하지만 주머니 사정을 고려해 미니 사이즈의 데미타스잔을 구입해 갖고 있다. 주로 중국 차를 마실 때 사용하며 유서 깊은 독일 도자기 회사의 패턴과 컬러를 한눈에 볼 수 있어 항상 눈에 띄는 곳에 비치한다.

❖ 앤티크 그릇계의 공주, 프린세스 로즈 Princess Rose

린드너 하면 특유의 형태도 생각나지만 린드너만의 컬러 역시 머릿속에 그려진다. 개인적으로 린드너의 시그니처 컬러는 앞서 언급한 연어색, 인디언 핑크라고 생각한다. 인디언 핑크의 대명사 격이라고 할 수 있는 린드너의 프린세스 로즈 라인은 '공주병'을 연상시키는 일반적인 핑크와 달리 적당히 기품 있고 여린 이미지의 공주가 떠오른다. 그릇의 형태, 패턴, 컬러 등 디자인을 구성하는 모든 요소가 섬세한 이 티 세트를 구성하는 데 2년 정도의 시간이 걸렸다.

다른 독일 앤티크 그릇이 그러하듯 프린세스 로즈도 잔의 두께가 두툼해서 앤티크 그릇임에도 불구하고 겁 없이 여기저기 사용하게 되는 것 같다. 티포트의 손잡이는 다섯 손가락이 모두 들어갈 정도로 큼직하고 소서와 찻잔의 굽 라인도 클래식하면서 우아하다. 금장도 진하고 두툼한 편으로 블링블링하면서도 힘이 느껴진다. 린드너의 프린세스 로즈는 우아하면서 품격 있는, 거기에 강단까지 있는 공주를 대변하는 것 같다.

❖ 마이센의 피시네츠 패턴이 돋보이는, 마리 루이즈 슈펜 Marie Luise Schuppen

마리 루이즈는 프랑스 황제 나폴레옹 1세의 두 번째 황후인데 브랜드의 라인명으로 삼은 것을 보면 린드너는 확실히 황실의 여인들을 좋아하는 것 같다. 슈펜schuppen은 독일어로 어류·파충류의 비늘이라는 뜻으로 이 그릇은 린드너 스케일 피시네츠scale fishnets라고도 불린다. 실제로 그릇의 패턴을 보면 올록볼록한 비늘을 상상할 수 있다. 이 문양은 후첸로이터 마리아 테레지아 코부르크 모델에서도 쉽게 찾아볼 수 있는데 그보다 훨씬 전인 마이센에서 이미 선보였던 패턴이기도 하다. 마리 루이즈 알테 랑케Alte Ranke 패턴 역시 마이센의 인디언 플라워 패턴의 영향을 받은 것으로 보인다. 헤렌드의 발트슈타인 모델에서도 비슷한 패턴을 엿볼 수 있는 것으로 보아 독일 포슬린은 서로 많은 영향을 주고받았음을 짐작할 수 있다.

독일에서 두 번째로 오래된 도자기 브랜드
퓌르스텐베르크 Fürstenberg

로코코 스타일의 우아한 그릇

퓌어스텐베르크, 휘어스텐베르크 등으로도 불리는 퓌르스텐베르크는 독일의 지역명이다.
1747년 샤를 1세Charles I 공작에 의해 퓌르스텐베르크에 건립된 도자기 제조소로 이듬해에
첫 도자기를 생산하면서 'F' 백 마크를 사용한 이후로 현재까지도 유지 중이다. 300년
가까운 시간 동안 하나의 포슬린 브랜드를 전개하면서 수많은 디자인을 선보였을
것으로 예상되나 내가 갖고 있는 티 세트는 로코코 스타일의 형태를 지닌 것으로
1950년대의 백 마크를 갖고 있다. 핸드 페인팅으로 완성한 잔잔한 블루 플라워 패턴과
골드 라인이 우아하면서도 고급스럽다. 또한 그릇의 외관은 곡선으로 매끄럽게 표현한
것이 아닌 조각하듯 여러 면을 만든 것이 굉장히 독특하다. 그럼에도 불구하고 도자기의
전체적인 곡선과 손잡이의 디테일에서 로코코 양식을 떠올릴 수 있는 점도 흥미롭다.
퓌르스텐베르크는 지금까지도 도자기를 생산하고 있으며 홈페이지(www.fuerstenberg-
porzellan.com)를 방문하면 더 많은 정보를 얻을 수 있다.
홈페이지에 나와 있는 헨리 로이스Henry Royce(롤스로이스 창업자)의 말에서 따온 한 구절이
가슴에 와닿는다.
"The small things make perfection, but perfection is no small thing.(작은 것들이 완벽함을
만들어내지만, 완벽함은 결코 작은 것이 아니다.)"

Germany

퓨로스테베르크

피르스테베르크

괴테가 예찬한 독일 도자기
바이마르 Weimar

장인 정신이 깃든 그릇, 바이마르

드레스덴의 네발 샬레처럼 발 달린 그릇, 굽 있는 그릇을 참 좋아한다. 그릇의 밑면이
평평하지 않으면 적층하기 어려워 보관하기 여간 까다로운 것이 아니지만 디테일이 들어간
만큼 더 공들여 만들었다는 의미이니 소중하게 느껴진다. 바이마르의 티 세트는 찻잔뿐만
아니라 티포트, 크리머, 슈거볼까지 각각 네 개의 발(다리)이 달려 있다. 그릇의 형태도
모두 동글동글해서 앙증맞은 발과 잘 어울리며 테이블 위에 올려 놓으면 그것들이 서 있는
느낌이 들어 웃음이 절로 난다. 바이마르는 국내에 잘 알려진 브랜드는 아니지만 230년
전부터 도자기를 제조해 온 역사가 깊은 독일 회사이다.
바이마르 도자기는 1790년에 도예가인 크리스티안 안드레아스 스페크Christian Andreas
Speck에 의해 독일 튀링겐주 바이마르에서 역사가 시작됐다. 오래된 포슬린 회사들이
그러하듯 1817년 설립자의 사망 이후 주인이 바뀔 때마다 다른 이름으로 불리다가 1928년
바이마르 포르젤란Weimar Porzellan으로 상표 등록을 마쳤고, 동독이 공식적으로 수립되기
1년 전인 1948년 소련에 의해 압수되고 국유화되는 아픔을 겪기도 했다. 회사 창립 때부터
고품질의 도자기를 생산하며 자국 내에서 명성을 떨쳤던 바이마르 도자기는 제2차 세계
대전 이후에 국제적으로도 인정을 받게 된다. 세계에서 가장 오래된 도자기 제조업체 중
하나인 바이마르는 오늘날까지도 장인이 수공예로 완성도가 높은 도자기를 만들고 있다.
내가 보유 중인 바이마르 그릇은 1924년부터 사용한 그린 컬러 왕관 백 마크를 갖고 있다.
패턴은 마이센 스타일의 플라워 패턴으로 여느 독일 도자기와 크게 다르지 않다. 하지만
부드러운 곡선의 디테일, 그리고 섬세한 네 개의 발은 앙증맞고 귀엽다는 표현이 부족할
정도로 취향 저격 그 자체이다. 바이마르 공국의 재상이던 요한 볼프강 폰 괴테Johann

Wolfgang von Goethe는 연인인 샤를로테 폰 슈타인Charotte von Stein에게 보낸 편지에 바이마르 도자기의 위대함을 표현했다고 한다. 당대 최고의 철학자이자 시인인 괴테가 이토록 사랑스러운 바이마르 도자기를 어떤 언어로 예찬했을지 자못 궁금해진다.

독일스러우면서도 독일스럽지 않은 그릇
운터바이스바흐 샤우바흐쿤스트
Unterweißbach Schaubachkunst

첫눈에 마음을 빼앗긴 그릇

앤티크 그릇 수집은 기다림이라고 이야기한다. 그래서 돈이 있으면 집은 사도 앤티크
그릇은 한꺼번에 살 수가 없다고 한다. 말 그대로 앤티크 그릇을 대량으로 보유하거나
판매하는 경우가 드물어 동일한 브랜드의 라인을 모을 때도 여러 셀러를 통해 조금씩 사서
모을 수밖에 없다는 것이다. 나 역시 기회가 닿을 때마다 티 세트든 디너 세트든 2인조,
3인조씩 구입해 8인조 이상으로 세트를 구성하는데, 브랜드에 따라 천차만별이지만
대체적으로 원하는 만큼의 수량을 얻으려면 평균적으로 5~10년이 걸린다. 그래서 겉으로
보기엔 모두 똑같은 그릇처럼 보이더라도 뒤집어서 백 마크를 확인하면 제각각이다.
앤티크 그릇 수집의 숙명이자 매력이라고 할 수 있다.
우리 집에 방문하는 사람들에게 한 번씩 보여주는 찻잔이 하나 있다. 운터바이스바흐
샤우바흐쿤스트, 이름이 길고 어려워 몇 년째 외우고 잊어버리기를 반복하는 중이다.
국방색에 가까운 오묘한 그린 컬러와 두꺼운 골드 음각이 조화로운 찻잔 트리오(찻잔, 소서,
플레이트)를 처음 만난 것이 2015년이었다. 웬만해선 1인조 찻잔을 들이지 않지만 첫눈에
반해 1인조라도 모아보자 싶었다. 컵 바닥에는 샤우바흐쿤스트SCHAUBACHKUNST라고
쓰여 있고, 백 마크로 유추해 보건대 1940~1953년 하인츠 샤우바흐Heinz Schaubach 시절에
만들어진 것으로 보인다.
하인츠 샤우바흐는 독일의 도자기 사업가로 1936년 파산한 튀링겐Thüringen주의
운터바이스바흐 도자기 예술 작업장(Unterweißbach workshops for porcelain art)에서 하인츠
샤우바흐 운터바이스바흐Heinz Schaubach Unterweißbach 회사를 설립했다. 피겨린을 주로

운타바이스바흐 사우비흐룬스트

생산했던 샤우바흐쿤스트Schaubachkunst로 이미 유명세를 탔던 그는 1953년 동독 정부에
의해 회사가 몰수될 때까지 두 회사를 성공적으로 운영했다고 한다.

긴 기다림 끝에 만나게 된 그릇

그리고 2022년 드디어 두 번째 운터바이스바흐 샤우바흐쿤스트 잔을 손에 넣었다.
처음 만난 그린 컬러 찻잔보다 조금 더 크기가 작은 주황색 찻잔으로 오랜 수소문 끝에
겨우 품에 안을 수 있었다. 약간의 패턴 차이가 있어 찾아보니 1926년에 출시된 잔이다.
앤티크 그릇의 가치를 평가할 때 생산 연도가 절대적인 기준이 될 수는 없지만 언제
생산한 그릇인지 알아야 시대상을 반영해 그릇의 스토리를 상상할 수 있으니 가능한 한
찾아보는 편이다. 기록상으로는 샤우바흐쿤스트 회사와 운터바이스바흐 회사가 합병되어
'운터바이스바흐 샤우바흐쿤스트'라는 이름이 지금까지 남아 있는 것으로 보인다.
국내에서 이 브랜드 그릇을 갖고 있는 사람을 한 번도 본 적이 없으니 희소성 면에서
운터바이스바흐 샤우바흐쿤스트 그릇은 충분히 가치 있지만 그보다 내가 이 그릇을
좋아하는 이유는 간단명료하다. 내가 좋아하는 그릇의 요소를 모두 갖추고 있기 때문.
유독 독일 그릇을 선호하는 이유는 힘이 느껴지기 때문이다. 같은 꽃을 표현한 티포트라고
할지라도 프랑스의 야리야리한 느낌과 달리 독일 그릇은 컬러와 형태에서 특유의
강인함을 엿볼 수 있다. 그리고 이 찻잔은 독일 그릇에서 흔히 볼 수 없는 톤 다운된 컬러를
사용했다. 바로 눈에 띌 만큼 굉장히 쨍한 컬러이지만 결코 가볍게 느껴지지 않는다. 또한
골드 플라워 패턴은 입체감을 살려 더욱 화려하면서 웅장하게 느껴진다. 두툼한 음각
역시 독일 포슬린에서는 매우 드문 표현법이다. 전체적인 느낌은 당연히 독일 그릇인데
하나하나 요소를 따져보면 독일 그릇 같지 않은, 굉장히 오묘하고 신비한 아이템이다.

운티바이스바흐스바흐 샤우바흐쿤스트

순도 백 퍼센트 코발트블루를 엿보다
리히테Lichte

코발트블루의 정수

'코발트블루cobalt blue'라고 하면 조금 낯설게 느껴지지만 짙은 파랑, 우리가 흔히 말하는 청색의 전형이 바로 이 코발트블루다. 코발트블루를 가장 제대로 느낄 수 있는 그릇이 무엇인지 묻는다면 나는 주저하지 않고 리히테 찻잔을 보여준다. 리히테 포르젤란Lichte Porzellan은 1822년 튀링겐 고원의 리히테(현재는 노이하우스 암 렌웨그에 속한다.)에서 설립됐다. 리히테를 찾다 보면 종종 'GDR'이 함께 검색되는데 GDR은 '저먼 데모그래틱 리퍼블릭German Democratic Republic'의 약자로 옛 동독을 의미한다. 당시 동독은 자원 부족으로 많은 포슬린을 생산할 수 없었기에 주로 수출하거나 부유층에서 소비했다고 한다. 그리고 이 시기에 코발트블루 티 세트를 많이 생산했다. 리히테 찻잔의 백 마크를 보면 '에히트 코발트echt kobalt'라고 쓰여 있는데 에히트echt는 독일어로 '진짜의, 순수한, 본래의; 참된, 거짓이 없는' 등의 뜻을 갖고 있다. 다시 말해 내가 보유 중인 이 잔은 동독 시절의 '순수 코발트'로 눈으로 확인할 수 있는 최상의 코발트블루가 아닐까 싶다.

내가 가장 좋아하는 색깔은 단연 '블루'이다. 마치 내 몸속에 빨간색이 아닌 파란색 피가 흐르는 것처럼 파란색을 보면 기분이 한껏 좋아진다. 블루 하면 떠오르는 덴마크의 로얄코펜하겐, 러시아의 로모노소프Lomonosov의 여러 라인뿐만 아니라 블루 컬러의 앤티크 그릇을 다량 갖고 있는 것도 같은 이유일 것이다. 그런 와중에 내 품으로 들어온 순수 코발트 컬러의 찻잔이니 보고 또 봐도 질리지 않는다. 리히테는 여러 번 소유주가 바뀌긴 했으나 사업을 잘 이어가다 2014년 파산 신청을 했고 현재는 폐업 상태이다. 200년의 역사를 가진 회사가, 그것도 내가 좋아하는 코발트블루를 제대로 구현해 내는 대표적인 포슬린 회사가 문을 닫았다는 것은 굉장히 아쉽다. 언젠가 기회가 된다면 앤티크

그릇 박물관을 만들 생각인데 한쪽 코너에 블루 찻잔만을 모아 전시하고 싶다. 구구절절 설명 없이 세상 수많은 블루 포슬린을 통해 직관적으로 그 차이를 보여줄 계획이다. 그리고 블루 포슬린, 그 중심에 리히테 에히트 코발트 찻잔이 있을 것이다.

UNITED KINGDOM

2

영국 왕실이 사랑한 그릇
로열 크라운 더비 Royal Crown Derby

본차이나의 발명과 더비의 탄생

로열 크라운 더비의 빈 찻잔을 조명에 갖다 대면 찻잔 내부에 외관 패턴이 제법 선명하게 비치는데, 이는 다른 도자기보다 많은 빛을 투과하는 본차이나bone china의 특징 때문이다. 본차이나는 이름에서 짐작할 수 있듯이 동물(보통은 소)의 골회(bone ash: 동물의 뼈에서 아교질이나 지방질을 빼고 난 후에 태워서 얻은 흰빛의 가루)를 섞어 만드는 도자기로 새하얀 백자와 달리 특유의 크리미한 색을 낸다. 1748년 영국에서 최초 개발된 본차이나는 독일에서 꽃피운 경질 자기, 프랑스에서 발달한 연질 자기(파이앙스faïence)와 더불어 유럽 3대 도자기 제작 방법이라고 할 수 있다. 지금의 본차이나 개념이 확립된 것은 1789년과 1793년 사이로 이후 영국 전역의 수많은 도자기 제조업체에서 본차이나 도자기를 생산하게 되었다.

본차이나의 발명과 함께 눈부신 성장을 이룬 대표적인 도자기 브랜드는 로열 크라운 더비의 전신인 더비Derby라고 할 수 있다. 1750년 독일 작센 출신의 위그노 이민자인 앤드류 플랜치Andrew Planch가 영국 더비 지역에 정착해 도자기 꽃병과 인형을 만들며 더비의 역사가 시작됐다. 이후 재능 있는 도자기 화가였던 윌리엄 듀스버리William Duesbury가 합류해 고품질 식기를 생산하며 선도적인 도자기 제조업체로 빠르게 자리매김했다. 1770년 영국에서 가장 오래된 도자기 제조업체인 첼시 포슬린Chelsea porcelain을 인수해 품질과 예술성 향상에 박차를 가했고 1775년에 이러한 공로를 인정받아 조지 3세George III로부터 '크라운crown'이라는 명예를 부여 받았다. 이는 도자기 밑바닥의 상표에 왕관을 표기할 수 있는 권한으로 이때부터 더비는 '크라운 더비Crown Derby'로 불린다.

로열 크라운 더비 마리 앙투아네트

로열 크라운 더비로 거듭나다

1786년 아버지로부터 바통을 이어받은 윌리엄 듀스버리 2세는 고급 본차이나의 경계를 지속적으로 넓혀갔고 그 결과 오늘날 로열 크라운 더비가 갖고 있는 럭셔리한 명성을 확립할 수 있었다. 그의 갑작스러운 죽음으로 크라운 더비는 한때 쇠락의 길을 걷기도 했으나 1811년 로버트 블리어Robert Bloor에 의해 점차 명성을 되찾을 수 있었다. 이때부터 크라운 더비는 적극적으로 다른 나라의 예술성을 받아들여 패턴에 적용하기 시작했다. 페르시아와 인도의 예술 양식뿐만 아니라 중국과 일본의 문화를 각각 반영한 새로운 장식 기술을 발전시켰다. 그리고 중국풍 취미인 시누아즈리chinoiserie와 일본풍을 즐기고 선호하는 자포니즘Japonism 유행 시기와 맞물려 크라운 더비의 인기는 더욱 높아졌다. 이러한 노력은 마침내 결실을 맺게 되는데 1890년 빅토리아 여왕이 크라운 더비를 왕실 도자기 제조업체로 임명한 것이다. 영국의 황금시대를 이끈 빅토리아 여왕의 '로열royal' 칭호 하사는 270년 역사를 빛내줄 획기적인 사건으로 이후 지금의 이름인 '로열 크라운 더비'가 됐다.

'더비 찻잔의 패턴은 왜 비칠까?'라는 의문에서 시작해 본차이나를 알아보다 내친김에 브랜드 역사까지 훑어버렸다. 기본 200년이 넘는 도자기 브랜드를 공부하다 보면 머리가 핑핑 돌고 눈앞이 어질어질, 글자가 커졌다 작아졌다 하는 경험을 종종 한다. 하지만 이 과정이 지나면 여러 브랜드가 유기적으로 연결돼 있다는 것을 깨닫고, 나아가 세계 문화가 내가 사랑하는 그릇과 궤를 같이한다는 사실에 묘한 희열을 느낀다. 사실 '그릇 고사'에 응시할 것이 아니라면 연도와 인물은 한 번 보고 지나치면 그만이다. 그릇의 역사를 공부한 후 잘 알던 그릇이 조금 다르게 보인다면 그걸로 충분하다.

❖ 이마리 패턴의 정수, 올드 이마리 1128 Old Imari & 트래디셔널 이마리 2451 Imari Traditional

이마리 패턴은 로열 크라운 더비의 고유 패턴이 아닌 일본 스타일의 패턴을 일컫는 일종의 고유 명사다. 이마리 패턴을 이해하기 위해서는 먼저 일본 도자기사를 알 필요가 있다. 일본의 자기는 1616년 사가현佐賀県 아리타有田에서 시작됐다. 이곳에서 구운 도자기는 근처 이마리항을 통해 수출했기 때문에 '이마리 도자기'로 불렸다고 한다. 사실 조금 더 깊게 들어가면, 이마리 도자기는 임진왜란 때 일본으로 끌려간 조선 도공들의 조선백자 기술을 토대로 탄생했다. 그중 대표적인 인물인 이삼평은 고령토 산지였던 후쿠오카 사가현 아리타에 정착해 일본 도자기의 기틀을 다졌다는 평가를 받는다. 당시 조선 도공들에 의해 탄생 및 발전한 아리타 도자기는 고이마리古伊万里, 가키에몬柿右衛門이라는 스타일을 유행시켰고 유럽 곳곳으로 뻗어 나가 귀족들의 그릇장을 채웠다.

이마리 패턴 중 가장 아름답고 화려하다는 평을 듣는 로열 크라운 더비의 올드 이마리는 19세기 초에 만들어져 오늘날까지 변함없이 사랑받는 패턴이다. 사진에 담아내지 못할 정도의 수려한 용모와 강렬한 포스를 자랑하며 그만큼 몸값도 높다. 올드 이마리가 탄생하고 한참 뒤인 1887년에 처음 출시된 트래디셔널 이마리 패턴은 꽃 문양이 들어가서 더 일본스럽게 느껴진다. 로열 크라운 더비의 이마리 패턴은 공통적으로 더비 레드Derby Red, 코발트블루 컬러를 사용해 화려함을 극대화했고 22캐럿 금장을 수작업으로 마무리해 고급스러움을 더했다.

❖ 화려함의 극치, 아비스 시리즈 Aves & 올드 아비스버리 Olde Avesbury

그릇에 새 문양이 들어가면 일반적으로 평온한 이미지가 더해지는데 로열 크라운 더비의 아비스 시리즈는 강렬함 그 자체다. 오죽하면 아비스 시리즈의 새를 '시조새'라고 할까. 여백 없이 스케치한 후 단일 컬러로 채색해서인지 패턴이 더 강하게 느껴진다. 없는 활력도 되찾아줄 것 같은 아비스 레드를 비롯해 흥분했을 때 냉정함을 찾아줄 아비스 블루, 고급스러움 그 자체인 아비스 골드까지 두루 갖고 있지만 실제로 테이블에서 사용한 적은 손에 꼽을 정도다. 워낙 개성이 강한 패턴이라 그릇장을 빛내는 용도로 주로 사용한다.

(위) 로열 크라운 더비 트래디셔널 이마리 2451
(아래) 로열 크라운 더비 올드 이마리 1128

141

그렇다면 색이 섞이면 강렬함이 상쇄될까? 이에 대한 답은 '전혀 그렇지 않다.'로 1932년에 출시된 올드 아비스버리를 보면 알 수 있다. 올드 아비스버리는 새들의 축제 장면을 묘사한 것으로 아비스 시리즈의 레드, 블루, 블랙을 한꺼번에 그린 멀티 컬러 패턴이다. 여러 색을 사용해 다른 아비스 시리즈보다 새 이미지가 명확하게 보이는데 화려한 극락조와 우아한 공작새를 표현했다. 또한 아비스 시리즈는 모두 22캐럿 골드 장식으로 디테일을 살렸다. 오늘도 그릇장의 아비스 시리즈를 바라보며 이렇게 '센' 접시에 어떤 음식을 담아야 기죽지 않고 서로 시너지를 낼 수 있을까 행복한 고민을 한다.

❖ 사랑스러운 꽃밭, 코츠월드 Cotswold

코츠월드에도 극락조가 등장하는데 아비스 시리즈와는 전혀 다른 느낌이다. 언뜻 보면 꽃만 보이지만 자세히 보면 꽃과 같은 컬러를 사용한 새가 꽃밭을 날아다닌다. 아비스 시리즈처럼 그릇 가득 이미지를 세밀하게 표현했고 채도 높은 여러 컬러를 사용했지만 화려함보다는 마냥 귀엽고 사랑스럽다. 따뜻한 봄날에 꽃이 만발한 정원을 보는 느낌이랄까. 두꺼운 단일 컬러 테두리가 그릇의 톤을 잡아주는데 연두색, 분홍색, 하늘색, 녹색 등 어렸을 적 크레파스 세트에서 봤던 딱 그 색감이다. 코츠월드는 잉글랜드 글로스터셔Cloucestershire주의 지명으로 영국 부자들의 별장이 많은 부유한 동네라고 한다. 영국인들이 은퇴 후 가장 살고 싶어 하는 곳일 정도로 자연과 마을이 잘 어우러진 전원 동네로 로열 크라운 더비의 코츠월드와 정확히 일치한다.

코츠월드 시리즈 자체도 만나기 어렵지만 내가 보유 중인 A611 패턴은 관련 자료를 찾기가 더욱더 어렵다. 그만큼 '레어템'이라는 의미이니 수집가로서 마다할 이유는 없다. 앞서 언급한 색 외에 오렌지색, 연노란색의 찻잔과 소서 세트를 추가로 모은 후 티포트가 내 품에 들어올 그 날을 기꺼이 기다리는 중이다.

로얄 크라운 더비 팁팟 애써 힐러큰 더

영국 여왕과 국민이 사랑한 그릇
웨지우드 Wedgwood

영국 대표 도자기의 탄생

'여왕의 도자기'라고 불리는 퀸즈 웨어Queen's ware를 출시해 영국 왕실을 감동시켰는가
하면, 그릇의 종류가 워낙 다양해 비교적 진입 장벽이 낮은 웨지우드. 그래서 이름에
'로열royal'은 없지만 충분히 프리미엄하게 느껴지면서 동시에 영국 사람들이 가장 많이
사용하는 '국민 그릇'의 이미지도 갖고 있다. 웨지우드는 백화점에서 심심찮게 볼 수 있는
브랜드이면서 현대적인 느낌도 꽤 강한 편이라 역사가 깊지 않을 것 같지만 창립한 지 벌써
260년이 넘은, 영국을 대표하는 유서 깊은 도자기 브랜드이다.

웨지우드는 사명社名이면서 회사를 대표하는 브랜드명이자 창업자의 가문 이름이기도
하다. 영국의 도공 집안에서 태어난 조시아 웨지우드Josiah Wedgwood는 몇 번의 동업을
경험한 후 독립해서 1759년 영국 스태퍼드셔Staffordshire주 버슬렘Burslem 지역에 '아이비
하우스Ivy House'라는 도자기 공장을 설립했다. 그는 도전 정신이 강했던 인물로도
잘 알려져 있는데 1765년 고급 유약을 칠한 토기인 크림웨어creamware를 만들어
샬로트Charlotte 왕비(조지 3세의 아내)에게 납품했고, 이를 계기로 퀸즈웨어라는 명칭 사용을
허가 받을 수 있었다.

당시 고대 문명에 심취해 있던 조시아 웨지우드는 1766년 대규모 부동산을 구입해 더
넓은 규모의 공장을 새롭게 열고 에트루리아 웍스Etruria Works로 명명했다. 에트루리아는
이탈리아 중부에 있었던 고대 국가로 에트루리아인들은 조각, 건축, 그림 등 예술적으로
뛰어났다고 한다. 에투루리아 공장에서 출시된 도자기가 바로 블랙 바살트Black Basalt였고
이후 유약 대신 산화물을 첨가해 색을 낸 재스퍼Jasper 등을 연달아 성공시키며 기술과
작품성을 모두 인정받아 명실상부 영국을 대표하는 도자기 회사로 자리매김하게 된다.

에트루리아

왕실이 선택한 도자기

1774년 러시아의 예카테리나 여제Ekaterina II를 위해 도자기 세트를 납품할 정도로
웨지우드의 크림색 도기는 큰 인기였다고 한다. 1790년 조시아 웨지우드는 아들들에게
회사를 물려줬고 5년 뒤 사망했다. 그의 사후에도 계속된 혁신과 변화로 영국 스타일의
본차이나를 발전시킨 웨지우드는 시어도어 루스벨트 미국 대통령의 저녁 만찬에
사용되었고, 1995년에는 엘리자베스 2세 여왕으로부터 최소 5년간 왕실에 제품을 납품할
수 있는 왕실 보증서를 받기도 했다.

이후 경영난으로 파산했고 2009년 뉴욕에 본사를 둔 사모 펀드 회사인 KPS 캐피털
파트너스KPS Capital Partners가 인수해 워터포드 웨지우드 로열 덜튼Waterford Wedgwood Royal
Doulton의 약자인 WWRD로 불리다가 2015년 핀란드 소비재 회사인 피스카스Fiskars에
최종 인수됐다. 그나마 다행인 점은 피스카스가 웨지우드 지분을 인수하는 조건에는
영국 현지 고용 보장과 고급 생산 라인 유지가 포함되어 있었다고 한다. 덕분에 지금도
웨지우드는 여전히 옛 장인들이 사용했던 전통적인 기술 방식과 디자인을 고수하며 세계
각국의 많은 컬렉터들에게 사랑을 받고 있다.

❖ 뜻밖의 행운, 블랙 바살트 Black Basalt

검은 현무암이라는 뜻의 블랙 바살트는 이집트의 흑색 도자기를 모티브로 제작됐다.
재스퍼처럼 그릇의 겉면이 아닌 안쪽에 유약을 발라 고급스러우면서도 묵직한 이미지가
특징으로 1766년부터 까만색 도자기 생산을 위한 실험이 이뤄졌다고 한다. 그리고
2년 뒤인 1768년에 블랙 바살트가 시장에 첫선을 보여 상업적으로 큰 성공을 거뒀으며
지금까지도 최고의 스톤 웨어로 평가받고 있다.

어두운 컬러의 그릇은 그리 좋아하지 않지만 블랙 바살트만의 진중함에 반해 품게
되었다. 블랙 바살트 티포트는 의도치 않게 3개나 소장 중인데 배송 중에 문제가 있었는지
처음에는 뚜껑의 꼭지가, 두 번째로 받았을 때는 티포트의 손잡이가 뚝 끊어졌다. 결국
세 번째 도전 만에 온전한 티포트를 배송 받았고 나머지 두 개도 떨어진 부분을 잘 이어

붙여 컬렉션용으로 갖고 있다. 두 번이나 손상된 티포트를 받았을 때는 내 심장도 같이 뚝 떨어진 것처럼 속상했는데 그때의 고난이 행운이었다는 것을 아주 나중에 알게 되었다. 블랙 바살트가 단종 모델인 데다 요즘은 구하기가 더욱 힘들어졌기 때문이다.

❖ 웨지우드의 명성을 이어준, 재스퍼 Jasper

재스퍼는 웨지우드의 대표적인 라인이기도 하지만 재스퍼웨어Jasperware라고 불리며 일종의 고유 명사처럼 쓰인다. 웨지우드의 설립자인 조시아 웨지우드가 개발한 것으로 수천 번의 실험 끝에 1774년 첫선을 보였다. 재스퍼는 돌을 갈아 반죽한 점토를 초벌구이 한 다음 유약을 바르지 않고 특정한 온도에서 한 번 더 구워 만든다. 다양한 색상으로 생산되는데 그중 가장 잘 알려진 것은 웨지우드 블루Wedgwood blue로 불리는 연한 파란색이며, 이렇게 색을 입힌 도자기 표면에 고대 로마를 모티브로 한 카메오cameo를

웨지우드 블랙 바살트

웨지우드 제스퍼

부조로 장식해 완성한다. 이는 1770년대부터 유럽 전역에서 유행하기 시작한 '신고전주의' 디자인의 영향을 받은 것으로 고대 로마의 카메오(보석을 양각으로 도드라지게 조각하는 방식이나 그렇게 만든 장신구)를 도자기에 구현한 것이 바로 재스퍼웨어라고 할 수 있다.

사실 재스퍼는 스톤웨어로 무겁고 사용감도 좋은 편은 아니지만 특유의 아름다움이 이 모든 불편함을 감수하게 만든다. 그래서 내가 갖고 있는 그릇 중 베스트 오브 베스트로 꼽을 만큼 좋아해서 시그니처 컬러인 라벤더Lavendar(실제로는 하늘색이 가깝다)를 비롯해 테라코타Terra Cotta, 셀러든Celadon, 포틀랜드 블루Portland Blue, 프림로즈Primrose 등 다양한 컬러를 보유하고 있다. 재스퍼웨어는 유약을 바르지 않아 독특한 아름다움을 풍기는 대신 눈에 보이지 않는 균열이 생기는 경우가 있어 사용 및 관리 시에 주의해야 한다. 그릇을 오랫동안 물에 담가두거나 티포트에 찻물을 둔 채로 장시간 놔두면 물이 들거나 찻물이 배일 수도 있다. 그렇다고 장식용으로만 간직하면 이번에는 건조함 때문에 균열이 생길 수도 있어 재스퍼는 사용자가 너무 게을러도, 너무 부지런해도 안 되는 그릇이라고 농담 삼아 말한다. 무엇보다 가장 중요한 것은 재스퍼의 '미모'는 이러한 까다로움을 기꺼이 감내하게 한다는 것이다.

❖ 여왕의 도자기, 퀸즈웨어 Queensware

퀸즈웨어는 재스퍼웨어와 더불어 지금의 웨지우드를 있게 한 일등 공신으로 섬세한 양각 부조로 디자인됐다는 것이 공통점이다. 컬러 베리에이션도 재스퍼와 거의 같지만 퀸즈웨어의 외관에는 반짝반짝 광택이 있어 그릇 자체의 느낌은 전혀 달라 보인다. 영국 조지 3세George Ⅲ의 배우자였던 샬로트 왕비가 웨지우드에 대중적인 그릇을 주문했는데 본차이나가 아닌 크림색 스톤웨어를 만들어 납품하면서 퀸즈웨어의 역사가 시작됐다. 처음부터 '퀸즈웨어'였던 것은 아니고 당시 웨지우드의 크림색 스톤웨어에 몹시 만족한 샬로트 왕비가 '여왕의 도자기(Queen's Ware)'라는 이름 사용을 허용해 지금의 퀸즈웨어가 된 것이다. 웨지우드가 최초로 광고했던 모델이 퀸즈웨어였다고 한다. 왕과 왕비가 쓰는 도자기를 일반인도 소유할 수 있다는 광고는 영국뿐만 아니라 유럽 전역에서 인기를 끌었고 지금까지 회사의 명성을 굳건하게 지켜주고 있다.

앤티크 그릇에 갓 입문했거나 그릇을 좋아하는 2545 세대의 여성들이 가장 관심을 보이고 선호하는 그릇이 바로 퀸즈웨어이다. 그래서 이 그룹에 속하는 지인이 집을 방문하면 항상 퀸즈웨어의 여러 컬러를 믹스 앤 매치해 테이블을 세팅하는데 말 그대로 '난리'가 난다. 퀸즈웨어는 접시 가장자리에 주름이 있는 셸shell 타입과 주름 없이 평평한 플레인plain 타입으로 나뉜다. 이 두 가지 타입을 모두 갖고 있으면 매치해서 사용하기 좋다. 그릇마다 장식된 포도송이 부조는 가까이서 보면 더 예쁘지만 디테일이 정교한 만큼 때가 잘 끼고 부딪치면 깨질 수도 있어 세척할 때 주의해야 한다. 도구를 사용하기보다는 아스토니쉬 티앤커피 가루 세제를 풀어서 한참 동안 담갔다가 물로 헹구면 깨끗해진다.

❖ 럭셔리 테이블웨어, 플로렌틴 Florentine

웨지우드의 프레스티지 라인으로 에스닉한 무드가 매력적인 플로렌틴은 1874년 첫선을 보였고 베스트셀링 컬러인 터콰이즈turquoise는 1931년에 출시됐다. 피렌체의 터키석 컬러로 장식된 테두리에는 신화 속 용과 불사조 등 이탈리아 르네상스 시대의 디자인에서 착안한 패턴이 새겨져 있다. 이 패턴은 전사지를 붙인 것이 아닌 웨지우드만의 에나멜 기법으로 정교하게 핸드 페인팅한 것으로 마스터 핸드 페인터들을 통해서 현재까지 전수되고 있다고 한다.

내가 가장 사랑하는 컬러인 블루, 그것도 오묘한 터키블루 컬러인 플로렌틴 터콰이즈를 한두 조로만 끝낼 수 없어 오랜 시간에 걸쳐 24인조 디너 세트를 완성했다. 나중에 두 아들에게 똑같이 8인조씩 물려줄 생각으로 조금 욕심을 내긴 했다. 양이 많다고 무작정 모은 것이 아니고 플로렌틴 터콰이즈를 수집한 나만의 원칙이 있다. 여러 명의 손님을 치를 수 있는 양이기에 넉넉한 사이즈의 음식도 거뜬히 담을 수 있는 튜린tureen을 함께 구성할 것, 그리고 피오니잔은 안쪽 가운데 꽃이 디자인된 것으로 수집할 것. 이렇게 두 가지였다. 피오니peony는 웨지우드의 찻잔 형태 중 하나로 입구가 넓고 손잡이가 독특한 것이 특징이다.

이렇게 하나씩 모았더니 백 마크의 항아리 문양이 갈색부터 초록색, 검은색까지 다양하다. 그릇의 출시 연도가 다르니 같은 터키블루 컬러라도 미세하게 차이가 나서 접시를 사이즈별로 여러 장 겹쳐 세팅하면 그러데이션 효과를 준 것 같아 더 특별하고 아름다워 보인다.

❖ 마음이 편안해지는 그릇, 애플도어 Appledore & 페어포드 Fairford

은은한 레몬 컬러와 그릇의 라인을 따라 둘러진 월계수 잎이 조화로운 애플도어는 영국의 지역명이기도 하다. 고대 로마를 모티브로 부조 장식한 재스퍼도 그렇고 애플도어의 월계수도 그렇고 웨지우드는 신화적인 요소를 정말 좋아하는 것 같다. 화관 모양의 월계수 잎 장식 중앙에는 포도와 자두가 가득 든 과일 바구니가 놓여 있다. 배경 컬러뿐만 아니라 월계수 화관, 과일 바구니 등의 패턴도 튀는 색 없이 잔잔해서 마음이 편안해지는 그릇이다. 1962년에 출시해 1980년대까지 생산했고 현재는 생산이 중단됐다.

애플도어만큼 유명하지는 않지만 비슷한 느낌의 패턴으로 페어포드가 있다. 애플도어가 월계수 잎을 한 줄로 가지런히 표현했다면, 페어포드는 잎을 두 줄로 새끼 꼬듯 중간중간 교차한 것이 특징이다. 페어포드는 애플도어보다 20년이나 빠른 1941년에 첫선을 보였고 그릇 중앙에 과일 바구니가 아닌 부케가 그려져 있다. 그래서인지 애플도어보다 더 화사한 느낌이다. 디테일은 조금씩 다르지만 두 라인의 그릇 톤은 놀랍도록 닮아 있어 같이 수집해 믹스 앤 매치해 사용하는 것도 재미있을 것 같다.

❖ 프렌치 클래식과 신고전주의의 만남, 메들레인 Medeleine

웨지우드의 여러 라인을 두루 수집 중이고 자식처럼 고루 사랑하지만 메들레인은 조금 더 아픈 손가락이다. 6인조 디너 세트를 만들기까지 우여곡절이 많아서인지 더욱더 애정이 간다. 그도 그럴 것이 메들레인은 우아한 플라워 갈런드와 아름다운 고대 로마 여신 카메오가 어우러진 웨지우드의 최고가 라인으로 십 년간 생산된 후 단종되어 몸값이 더 높아졌기 때문. 재스퍼웨어를 소개할 때도 언급됐던 카메오는 쉽게 말해 인물 등을 양각으로 조각한 장신구인데 메들레인 그릇의 중앙에 목걸이를 채우듯 카메오로 장식했다.

화려하면서도 고상한 프렌치 클래식 스타일에서 영감을 받은 22캐럿 골드 라인과

크림&블루 컬러의 조화가 절묘하다. 부족하지도 넘치지도 않는 적당함이 바로 이런 느낌이 아닐까. 게다가 카메오 속 고대 여신들은 하나같이 기품이 넘쳐 그릇을 바라보는 것만으로도 품격이 높아지는 것 같다. "두드리라, 그러면 너희에게 열릴 것이니." 가장 좋아하는 성경 구절 덕분에 포기하지 않고 품에 안게 된 메들레인. 공교롭게도 메들레인은 웨지우드 창립자인 조시아 웨지우드가 좋아했던 프랑스 교회의 이름이라고.

⁛ 어머니와 추억을 공유하다, 비앙카 Bianca & 차이니스 플라워 Chinese Flowers

디자인, 소재, 단종 등의 이유로 그 자체로 귀한 그릇이 있는가 하면, 모든 요소가 평범하지만 나만의 추억이 더해져 가치가 확 올라간 그릇도 있다. 두 가지 경우 모두 수집하기 어려울 수 있으나 보낼 때는 후자의 경우가 훨씬 더 어렵다. 하지만 후자에 속하는 웨지우드의 비앙카와 차이니스 플라워는 애초에 누군가에게 선물할 목적으로 모은 것이기에 보낼 때 더 행복했다. 나는 결혼 전부터 그릇을 좋아하긴 했지만 결혼 후에는 그릇 좋아하는 시어머니의 영향을 많이 받기도 했다.

시아버지가 돌아가신 후 어느 날 어머니와 마주 앉아 차를 마신 적이 있다. 그때 어머니가 꺼낸 찻잔이 윌리엄스버그Williamsburg 마크가 있는 비앙카 찻잔과 차이니스 플라워 찻잔이었다. 40여 년 전, 시아버지가 영국 출장길에 그릇 좋아하는 아내를 위해 찻잔 판매하는 곳을 물어 물어 이 찻잔을 사 왔는데, 당시에 어머니는 고마워하기보다는 1인조씩 사 온 것에 대해 타박하기 바빴다며 씁쓸한 미소를 지으셨다. 이렇게 예쁜 그릇을 놓고 칭찬 한 마디 못 해주고 구박만 했다며 후회하는 모습이 안쓰럽기도 했지만 어머니와 추억을 나눌 수 있어서 기쁘기도 했다. 어머니가 나뿐만 아니라 지인들과도 종종 시아버지와의 추억을 공유하길 바라는 마음에서 비앙카와 차이니스 플라워 패턴을 각각 3인조씩을 더 구해 4인조 세트로 만들어 드렸다. 어머니의 환한 미소를 보니 내 품을 잠시 스쳐간 찻잔들이 전혀 아쉽지 않았다.

참고로 윌리엄스버그는 미국의 지역명으로 콜로니얼 윌리엄스버그 재단(Colonial Williamsburg Foundation)을 의미한다. 윌리엄스버그는 17~18세기 식민지 시대의 버지니아주 주도로 정치·문화·교육의 중심지였고 미국 식민지 중 가장 영향력이

컸던 곳이다. 때문에 이 지역을 복원하기 위해 미국의 자선 사업가 록펠러 2세를
중심으로 콜로니얼 윌리엄스버그 재단을 설립했는데, 이 재단 펀드에 참여하기 위해
생산된 패턴이라는 의미로 그릇의 바닥에 재단 마크를 새긴 것이다. 현재 콜로니얼
윌리엄스버그는 식민지 시대의 생활상과 독립에 대한 자료가 잘 보존되어 도시 전체가
하나의 역사 박물관이라고 할 수 있다.

알고 보니 의미 있는 펀드에 참여한 그릇이었다는 점, 그리고 어머니와의 새로운 추억을
만들 수 있었다는 점에서 당시 시아버지가 그릇은 잘 몰랐을 수도 있으나 좋은 선물을
고른 것은 확실하다는 생각이 들었다.

웨지우드 메들레이

웨지우드 플로렌틴

에지우드 베드너

WILLIAMSBURG*

WARE

COMMEMORATIVE

WEDGWOOD®
Bone China
MADE IN ENGLAND

BIANCA

* Reg. Trademark of
The Colonial Williamsburg
Foundation

WEDGWOOD®
Bone China
MADE IN ENGLAND

CHINESE FLOWERS
R4498
Williamsburg

57

비앙카&차이니스 플라워

어머니들의 로망이었던 영국 그릇
앤슬리 Aynseley

품질과 장식성을 모두 갖춘 도자기의 탄생

그릇에 무심했던 친정어머니의 그릇장에도, 그릇을 좋아했던 시어머니의 그릇장에도 존재감을 뽐냈던 그릇이 하나 있다. 강렬한 원색에 먹음직스러운 과일 문양이 돋보였던 앤슬리의 오처드 골드Orchard Gold가 그것. 1970~1980년대에 경제 성장과 더불어 해외여행 전면 자유화의 영향으로 외국산 그릇이 국내에 조금씩 유입되기 시작했는데 그중 화려한 앤슬리가 단연 눈에 띄었을 것이다. 국내 도자기에서는 찾아볼 수 없는 이국적인 컬러와 패턴이었기에 더욱더 어머니들의 마음을 설레게 하지 않았나 짐작해 본다. 그때 그 시절 어머니들의 마음을 훔친 앤슬리는 한 영국인의 취미에서 비롯된 브랜드라고 할 수 있다.

1700년대 영국 스토크온트렌트Stoke-on-Trent 지역 탄광의 회장이었던 존 앤슬리John Aynsley는 도자기 수집하는 것을 즐겼다고 한다. 그는 모으는 것에 그치지 않고 직접 도자기를 만들었는데 점토 공예에 대한 자신감이 생기자 1775년 롱턴Lonton에서 대량 생산이 가능한 도자기 공장을 설립했다. 그의 열정과 도자기 기술이 시너지를 내며 앤슬리의 명성은 날로 높아졌고 존 앤슬리는 도예 장인으로 인정받았다. 그의 아들인 제임스James 역시 성공적으로 사업을 유지했으며 1861년 제임스 앤슬리의 아들인 존 앤슬리 2세John Aynsley II는 가업을 이어받아 새로운 공정을 도입했다. 그는 50%의 석회화된 골재를 도자기에 넣어 더 강하고 더 하얀 '본차이나'를 만들었다. 이러한 본차이나의 높은 품질은 독특한 패턴과 더불어 앤슬리를 더욱 유명하게 만들었고 19세기 후반과 20세기 초에 앤슬리는 자국과 해외에서 모두 큰 인기를 끌었다.

후대에 더 사랑받는 앤슬리의 작가들

앤슬리는 영국 왕실이 선호하는 도자기 회사로도 명성이 자자하다. 빅토리아 여왕은 앤슬리와 앤슬리의 본차이나에 깊은 인상을 받아 개인 식기 세트를 의뢰했고 이를 계기로 앤슬리 도자기의 백 마크에 왕실 문장紋章을 사용하도록 허가했다. 또한 엘리자베스 2세 여왕과 다이애나 왕세자비도 결혼 선물로 앤슬리 도자기를 선택했다고 한다. 이후 경영 위기를 맞으면서 1970년에 세계적인 크리스털 제조업체인 워터 포드 크리스털Water Ford Crystal에 매각되었고, 1997년 아일랜드 도자기 회사인 벨릭Belleek에 재매각되었다.

당시 영국 대부분의 도자기 회사에서 전사지를 사용했던 것과 달리 앤슬리는 핸드 프린팅을 고집해 수십 년에 걸쳐 상당수의 위대한 예술가들이 앤슬리에 고용되어 도자기 장식 미술을 발전시켰다. 그중 몇몇 작가가 핸드 프린팅한 그릇이 앤티크 마켓에서 높은 가격에 거래되고 있는데 대표적인 사람이 서문에서 언급했던 오처드 골드의 주요 작가인 도리스 존스Doris Jones와 낸시 블런트Nancy Blunt이다. 이들보다 더 고가에 거래되는 작가는 조셉 베일리Joseph A. Bailey로 앤슬리의 디자인 및 장식 파트 디렉터이자 꽃 전문 페인터로 활동했다. 1937년부터 1964년까지 앤슬리의 롱턴 공장에서 근무한 그는 핸드 페인팅한 그릇에 'J. A. Bailey'라는 서명을 남겼는데 이 제품은 '앤슬리 베일리'로 불리며 수집가들 사이에서 선풍적인 사랑을 받고 있다. 현재 앤슬리는 벨릭에서 일부 라인을 생산 중이며 공장은 중국에 있는 것으로 알려져 있다. 그리고 과거와 달리 최근 제품은 모두 전사 인쇄로 제작된다.

✤ 앤슬리의 시그니처 패턴, 오처드 골드 Orchard Gold

생생한 과일 그림과 블링블링한 골드 포인트, 쨍한 비비드 컬러 베리에이션까지 여성이라면 좋아할 만한 모든 요소를 갖춘 오처드 골드를 어찌 외면할 수 있을까? 내가 갖고 있는 오처드 골드 티 세트는 1930년대부터 40여 년간 앤슬리 최고의 작가였던 도리스 존스가 핸드 페인팅한 것이다. 패턴이 마음에 들어 하나씩 모은 것이 어느덧 세월이 덧입혀져 자연스럽게 레어한 아이템이 되었다. 탐스럽게 익은 큼지막한 복숭아와 청포도,

자두가 그릇 가득 풍성하게 표현되어 있어 보는 것만으로도 배가 부를 정도다. 과일 그림이 이토록 우아할 수 있다는 것도 오처드 골드를 통해 새롭게 깨달았다.

❖ 오리엔탈 감성의 티 세트, 펨브로크 Pembroke

펨브로크의 찻잔만 갖고 있는 시어머니께 티 세트를 만들어 선물할 목적으로 티포트, 커피포트를 모으기 시작했는데 의도치 않게 대가족이 되어버렸다. '그릇 운'은 따로 있다고 믿기 때문에 나에게 들어온 운을 도외시할 수는 없다는 것이 변명이라면 변명이다. 앤슬리 펨브로크는 18세기 아시아 도자기에서 영감을 받아 만든 패턴으로 영국 펨브로크 지방의 도자기를 좋아하던 펨브로크 백작의 이름에서 유래되었다고 한다. 이 패턴은 컬러풀한 꽃무늬와 그릇의 중앙에 위치한 새가 특징인데, 그리고 보니 꽃과 새를 그린 우리나라 화조도花鳥圖와도 많이 닮아 있다. 전반적인 톤이 웨지우드 찬우드Charnwood 패턴과도 비슷한데 찬우드는 새가 아닌 나비가 등장한다는 점이 다르다. 의도했던 것은 아니지만 그릇이 여러 개이다 보니 각각의 포트, 찻잔의 꽃과 새를 비교하는 재미가 있다.

다채로운 스타일을 선보였던 영국 명품 도자기
콜포트 Coalport

'모방은 창조의 어머니'를 실현한 영국 도자기

같은 '메이드 인 잉글랜드' 그릇이더라도 브랜드마다 풍기는 이미지는 각각 다른데 그중 콜포트는 조용하지만 내공이 느껴지는 외유내강外柔內剛형 브랜드이다. 유명한 라인인 밍 로즈Ming Rose와 인디언 트리Indian Tree만 보더라도 다른 브랜드와는 태생적으로 다른 우아한 오라가 느껴진다. 또한 라인별로 디자인적인 캐릭터가 명확하고 어쩌면 이렇게 색을 조합했을까 싶을 정도로 색감이 뛰어나서 1조짜리 찻잔도 꽤 갖고 있다. 사실 1인 세트 찻잔은 실용성이 떨어져서 웬만하면 모으지 않지만 콜포트에 매료되면 예외일 수밖에 없다. 콜포트는 영국 슈롭셔Shropshire에 있는 마을 이름으로 영국에서 가장 긴 세번강Severn江 북쪽 기슭에 위치한다. 18세기 후반 존 로즈John Rose는 콜포트에 도자기 공장을 설립했고 이후 이 지역은 1920년대까지 도자기 생산의 중심지로 급부상하게 된다. 1800년대 초에 이미 도자기 시장을 선점했던 콜포트는 다양한 형태와 패턴을 생산했다고 한다. 특히 짙은 파란색 바탕에 빨간색, 녹색, 금박 장식이 가미된 일본 패턴을 주로 모방했는데 더비Derby(지금의 로열 크라운 더비)를 비롯한 당대 도자기 제조업체에서 흔히 볼 수 있는 공통적인 특징이기도 했다. 1820년대에는 도자기 제작 기술을 개선하면서 더욱 순수한 백색을 냈고 굳기가 세지는 등 품질이 크게 향상됐다. 이전에는 주로 버드나무 패턴과 전사 프린트가 콜포트 도자기의 특징이었다면, 1830년대 초부터는 디자인이 더욱 다양해지고 장식 또한 화려해졌다.

이 시기의 콜포트는 앞서 언급한 더비뿐만 아니라 첼시Chelsea, 그리고 프랑스의 세브르Sévres 양식을 모방했고 나아가 독일 마이센Meissen의 입체 플라워 패턴을 따라 해 마이센 스타일의 멋진 꽃 도자기를 만들어내기도 했다. 독특하고 다채로운 콜포트

디자인의 원천이 '모방'이었다니, 조금 놀랍기도 하지만 이를 '콜포트 스타일'로 소화했으니 굉장히 똑똑한 전략이었던 것 같다. 1841년 설립자인 존 로즈 사망 이후 회사는 여러 차례 크고 작은 변화를 겪었다. 1926년에는 도자기 생산 공장이 영국 도자기 산업의 전통적인 중심지인 스태퍼드셔로 이전됐고, 1967년 콜포트 브랜드는 유지하되 회사는 웨지우드 그룹의 일부가 됐다. 하지만 현재 슈롭셔의 기존 도자기 제조소 건물은 콜포트 차이나 뮤지엄Coalport China Museum으로 운영되고 있어 200년 넘는 콜포트 도자기의 역사를 체험할 수 있다.

✤ 영화 속에서 더욱 빛을 발한 찻잔, 배트윙 Batwing

분명 똑같은 찻잔인데 영화나 드라마에 등장하면 훨씬 더 특별하게 느껴질 때가 있다. 영국 빅토리아 여왕과 평범한 인도 청년의 우정을 그린 영화 〈빅토리아 & 압둘〉을 보고 나서 아주 오랜만에 콜포트의 배트윙 찻잔을 다시 꺼냈다. 영화 속 빅토리아 여왕의 티타임 장면에서 등장한 배트윙 찻잔이 어찌나 멋져 보이든지 내가 알던 그 찻잔이 맞나 한참을 들여다봤다.

배트윙은 말 그대로 박쥐 날개 모양을 의미하는데 다른 브랜드에서는 한 번도 본 적이 없는 패턴이다. 그도 그럴 것이 동양과 달리 서양에서 박쥐는 부정적인 이미지가 강하고 마녀의 상징처럼 여겨지기도 했다. 그나마 1939년 DC 코믹스에서 출판한 만화책 〈배트맨Batman〉에서 박쥐를 본뜬 전신 슈트를 입은 슈퍼히어로가 등장하면서 박쥐의 안 좋은 이미지가 어느 정도 상쇄된 것 같다. 내가 보유 중인 배트윙 찻잔은 1891년부터 사용한 콜포트의 스탠더드standard 백 마크를 갖고 있는데 처음에는 이름 없이 생산했다가 후대에 패턴이 박쥐 날개와 비슷해 그렇게 이름 붙여진 것이 아닌가 추측해 본다. 빅토리아 시대가 영국의 홍차와 도자기 전성기였고 그 시대에 나온 그릇의 화려함과 장식성은 오늘날의 최신 기술과 현대적인 디자인으로도 따라가지 못한다. 그 정점에 있는 도자기가 콜포트의 배트윙이며 영화 〈빅토리아 & 압둘〉에서 이를 잘 보여주고 있다. 사랑했던 남편 앨버트Albert 공이 42세에 병에 걸려 황망하게 세상을 떠난 후 그를 그리워하며 평생 검은 옷을 입은 것으로 전해지는 빅토리아 여왕. 그녀의 올 블랙 의상이 화려한 티 테이블과 대조되어 이때 등장한 배트윙 찻잔이 내 머릿속에 깊이 각인돼 있다.

❖ 명나라 장미의 정수, 밍 로즈 Ming Rose

밍 로즈는 '명나라의 장미'라는 뜻으로 많은 포슬린 회사에서 동일한 이름의 패턴을
출시하고 있다. 그중 으뜸은 콜포트의 밍 로즈로 중국풍의 색채를 잘 살려내면서도 꽃을
섬세하게 표현했다. 브랜드 스토리에서도 이야기했듯이 콜포트는 자국 브랜드뿐만 아니라
다른 나라 도자기도 편견 없이 받아들였는데 밍 로즈 패턴을 보면 중국 스타일을 많이
차용했음을 알 수 있다. 콜포트의 밍 로즈는 1970년에 출시되어 24년간 생산되었으며
핑크, 옐로, 블루 컬러의 꽃들이 모여 묵직한 플로럴 룩을 연출한다. 패턴이 화려하면서도
격조를 풍겨 격식 있는 테이블을 연출할 때도 잘 어울리는 그릇이라고 생각한다.

❖ 그릇의 재발견, 레벌리 Revelry

파란색을 좋아하는 나의 레이더망에 딱 걸려 망설임 없이 들였던 콜포트 레벌리 디너
세트. 그릇장에 넣어두고 몇 년간 잊고 살았다가 넷플릭스에서 방영한 〈브리저튼〉
시리즈를 보고 다시 꺼내게 되었다. 19세기 초 리젠시 시대 영국을 배경으로 한 미국
드라마 〈브리저튼〉은 미국의 유명한 로맨스 소설가 줄리아 퀸Julia Quinn의 소설 『브리저튼
시리즈』를 원작으로 한다. 사실 스토리보다는 대저택의 꽃 장식과 아름다운 벽지, 상류층의
파티와 티타임에 사용되는 그릇 등 볼거리가 많아 빠져든 드라마다.
브리저튼 가문의 맏딸인 다프네의 테마 컬러가 스카이블루인지 그녀의 집도, 주로 입는
의상도 모두 비슷한 톤을 하고 있다. 그리고 자주 사용하는 티 세트가 바로 백색 바탕에
바랜 듯한 블루 컬러와 그레이 컬러가 조화로운 콜포트의 레벌리다. 레벌리revelry의
사전적인 의미는 '흥청대며 먹고 마신 파티', '흥청대며 놀기'로 간결하지만 품위가
느껴지는 콜포트 레벌리 그릇과는 별로 부합되지 않는 이름이다. 하지만 사전적인
의미와는 별개로 'revelry'는 파티와 축하를 뜻하는 옛 언어로 이러한 패턴명 덕분에
1970년대 파티를 목적으로 레벌리 디너 세트가 많이 판매되었다고 한다. 떡 본 김에 제사
지낸다고 오랜만에 레볼리를 꺼낸 김에 재미있는 파티를 한번 기획해 봐야겠다.

영국 대표 도자기가 된 후발 주자
로열 덜튼Royal Doulton

영국 도자기 전성시대를 함께한 로열 덜튼

비슷한 시기에 출시된 독일 그릇은 브랜드가 다르더라도 비슷한 느낌의 패턴이 참 많다. 반면 영국 그릇은 개중에는 비슷한 느낌도 있지만 전반적으로 브랜드별, 라인별 개성이 강한 편이다. 18세기 영국에서는 홍차 문화가 번성하면서 수많은 도자기 업체가 탄생했는데 우리가 잘 알고 있는 로열 우스터Royal Worcester, 로열 크라운 더비Royal Crown Derby, 웨지우드Wedgwood, 스포드Sporde, 로열 덜튼만 보더라도 스타일이 다 다르다는 것을 알 수 있다. 이들 중 로열 덜튼은 다른 브랜드보다 한발 늦게 도자기 사업에 뛰어들었고 대중에게 이름을 알리기 시작한 것도 19세기 후반부터다. 또한 당대 도자기 선두 기업들이 모여 있던 스태퍼드셔주 북부 스토크온트렌트Stoke-on-Trent가 아닌 런던 템스 강변의 작은 마을, 람베스Lambeth에서 시작했다는 점도 특이하다.

1815년 22세의 젊은 도공 존 덜튼John Doulton은 평생 모은 100파운드를 투자해 도자기 공장의 공동 경영권을 따낸 후 인근 도자기 공장들과 치열하게 경쟁하며 차근차근 기반을 다졌다. 사업 초반에는 가정용 도자기가 아닌 세면기, 변기, 배수관, 정수 필터 등 도자기로 만든 위생 제품을 생산해 런던의 도시화에도 기여했다. 그러다 존 덜튼의 아들인 헨리Henry가 합류해 디자인과 작품성이 높은 테이블웨어를 만들기 시작했다. 도자기의 실용성보다 예술성에 관심이 더 많았던 헨리 덜튼은 지역 예술 학교 출신 디자이너와 예술가들을 대거 고용해 디자인 향상에 애썼으며 이 과정에서 스토크온트렌트 버슬렘Burslem에 있는 토기 공장을 인수해 사업을 확장했다. 이러한 그의 노력이 인정받아 1887년 빅토리아 여왕에게 도공 최초로 기사 작위를 받았고 1901년에는 에드워드 7세Edward Ⅶ로부터 왕실 납품 업체로 지정되면서 회사 이름이 지금의 '로열 덜튼'이 되었다.

영국 로얄 덜튼

이후 크고 작은 위기와 다양한 내부 변화를 겪긴 했으나 품질과 디자인 개발에 꾸준히 매진한 결과 20세기 중후반에는 20여 개의 도자기 공장을 운영하는 등 최고의 전성기를 누렸다. 하지만 2000년대 이후 아시아의 값싼 도자기와 중국산 모조품에 밀려 심각한 경영난을 겪었고 2005년 웨지우드에 인수 합병되며 WWRD(워터포드 웨지우드 로열 덜튼Waterford Wedgwod Royal Doulton의 약자) 소속이 되었다가 현재는 핀란드 피스카스 그룹에 속해 있다.

⁘ 손녀에게 선물하고픈, 브램블리 헤지 Brambly Hedge

언젠가 손녀와 마주 앉아 찻잔과 접시에 음료와 쿠키를 가득 담아 나눠 먹는 상상을 하며 모은 그릇이 로열 덜튼의 브램블리 헤지 시리즈이다. 브램블리 헤지 마을에서 살아가는 쥐 가족의 따뜻하고 사랑스러운 이야기를 그린 영국의 국민 동화『브램블리 헤지』를 모티브로 제작한 그릇으로 국내 그릇 수집가들 사이에서는 이 시리즈가 곧 브랜드로 인지될 정도로 큰 인기를 끌었다. 브램블리 헤지는 이야기가 펼쳐지는 지리적 배경을 의미하는데 직역하면 '가시넝쿨 울타리' 정도로 해석이 가능하며, 우리나라에서는『찔레꽃 울타리』라는 제목의 번역서로 사랑받고 있다.

1980년 가을에 출간된 동화 작가 질 바클렘Jill Barklem의『브램블리 헤지』시리즈는 봄, 여름, 가을, 겨울 각 계절의 자연을 아름답게 담으면서도 생일, 결혼, 모험, 안식 등의 생애 주요 이벤트를 따뜻한 시선으로 표현해 잔잔한 감동을 선사한다. 또한 흥미로운 이야기로 가득해 상상의 나래를 펼치며 잠드는 어린이의 정서에도 잘 어울려 자기 전에 읽는 베드타임 스토리bedtime story로도 유명하다. 동명의 동화를 그대로 옮겨 놓은 듯한 로열 덜튼의 브램블리 헤지 시리즈. 나에게 언젠가 손녀가 생기면 이 시리즈를 시작으로 할머니의 깊고 넓은 그릇 사랑을 전해 주리라. 로열 덜튼은 브램블리 헤지의 판권을 사서 현재까지 생산하고 있지만 2000년 이후부터는 인도네시아에서 생산되었기 때문에 영국 생산 제품을 구하기는 쉽지 않다.

⁘ 가장 편안한 블루 패턴, 올드 콜로니 Old Colony

톤 다운 블루 컬러가 매력적인 패턴으로 1959년부터 1988년까지 생산됐다. 은은한 색감의 이 티 세트에 차를 내면 이 찻잔은 어디 것인지 꼭 한 번씩은 물어 온다. 크림색 베이스에 채도 낮은 파랑과 갈색의 조화가 오묘하면서 차분함을 더해 준다. 올드 콜로니는 1620년부터 1691년까지 북아메리카에 개척된 영국 식민지의 선구 지역인 플리머스 콜로니Plymouth Colony 내에 포함된 매사추세츠 남동부 지역을 의미한다. 삼면이 대서양으로 둘러싸인 이곳은 잘 보호된 항구와 수익성과 연결되는 강 시스템이 잘 구축되어 있었고 1691년 매사추세츠 베이 콜로니Massachusetts Bay Colony와 합병될 때까지 별도의 독립체로 존재했다고 한다. 이 찻잔을 만나기 전까지는 올드 콜로니의 존재조차 몰랐고 여전히 잘 모르는 곳이지만 로열 덜튼의 올드 콜로니 패턴을 통해 어떤 곳인지 대략적인 느낌은 알 것 같다.

그릇에 얽힌 스토리를 차치하더라도 티타임의 여유로움을 제대로 느낄 수 있는 패턴으로 실사용과 컬렉팅 두 가지 목적을 모두 만족시키는 아이템이다. 찻잔 사이즈는 큰 편으로 사용하기 편하고 전체적으로 채도가 낮아서 눈이 편한 것도 장점이다. 무난한 그릇을 선호하는 사람은 기회가 되면 그릇장에 넣어보는 것도 좋겠다.

빈티지와 앤티크로만 만날 수 있는 영국 대표 도자기
크라운 스태퍼드셔 Crown Staffordshire

유명 도자기 산지에서 시작된 크라운 스태퍼드셔

영국 도자기를 공부하다 보면 유독 자주 등장하는 지역명이 있는데, 바로
스태퍼드셔Staffordshire와 스토크온트렌트Stoke-on-Trent이다. 스태퍼드셔는 영국 잉글랜드
중부의 주이고, 스토크온트렌트는 이 스태퍼드셔주의 도시 중 하나이다. 조금 특이한
점은 스토크온트렌트는 1910년 버슬렘Burslem, 롱턴Lonton, 펜턴Fenton, 핸리Hanley,
스토크어폰트렌트Stoke-upon-Trent, 턴스톨Tunstall 이렇게 6개 도시의 연합으로 형성된
다원적 도시라는 것. 이곳은 영국 도자기 산업의 본고장으로도 유명한데 실제로 버슬렘은
로열 덜튼, 롱턴은 로열 앨버트와 파라곤, 턴스톨은 부스, 스토크어폰어트렌트는 민튼과
관련이 있는 곳이다. 그리고 펜턴은 크라운 스태퍼드셔가 탄생한 곳으로 이 브랜드를
이해하기 위해서는 먼저 미네르바 웍스Minerva Works라는 공장을 알 필요가 있다.
미네르바 웍스의 이름은 로마 신화에 나오는 수공예와 예술의 여신인 '미네르바'에서
따왔다고 한다. 1801년 펜턴 지역의 파크 스트리트Park Street에 설립된 미네르바 웍스는
일종의 도자기 공장이었고 시기별로 몇몇 업체가 이곳에서 도자기를 제조했던 것으로
보인다. 미네르바 웍스에서 가장 성공을 거둔 브랜드가 바로 크라운 스태퍼드셔로
1889년에 입점해 1985년까지 이곳에서 도자기를 생산했다. 그래서 보통 크라운
스태퍼드셔의 설립 시기를 1889년으로 보는데 그릇 뒷면 백 마크에는 1801년으로
나와 있어('ESTD 1801'로 표기되어 있음) 조금 혼란스러울 수도 있다. 이 연도는 크라운
스태퍼드셔의 공장이었던 미네르바 웍스의 설립 시기로 이해하면 된다.
크라운 스태퍼드셔는 1930년대 꽃과 새를 주제로 한 본차이나 제품을 출시해 인기를
끌었고 제2차 세계 대전 때는 핵심 회사로 지정되기도 했다. 1948년에 회사 이름이 크라운

크라운 스테퍼드셔 F9213

스태퍼드셔 차이나(Crown Staffordshire China Co. Ltd.)로 변경됐으며 1950년대는 전체 생산량의 4분의 3이 수출될 정도로 해외에서 큰 사랑을 받았다. 당시 도자기 분야에서 가장 큰 생산업체이기도 했는데 공장의 장식 부서에만 200명이 넘는 직원이 근무했다고 한다. 1973년 웨지우드 그룹의 일부가 되었고 1985년부터 크라운 스태퍼드셔라는 이름은 사용되지 않고 콜포트(Coalport Ltd.)라는 이름이 대신 사용됐다. 크라운 스태퍼드셔보다 먼저 웨지우드 그룹에 합병된 콜포트에 흡수된 것으로 보인다. 시작은 조금씩 다르지만 마지막은 웨지우드 그룹으로 귀결되는 비슷한 양상 역시 영국 도자기의 특징 중 하나라고 할 수 있다. 이는 앤티크 그릇, 빈티지 그릇의 가치가 더 높아질 수밖에 없는 이유이기도 하다.

❖ 웨지우드 플로렌틴과 한 끗 차이, 엘즈미어 Ellesmere

자세히 보지 않으면 웨지우드 플로렌틴과 구별되지 않을 정도로 많이 닮아 있다. 색감뿐만 아니라 패턴에 신화 속 동물이 등장한다는 것도 같다. 다만 플로렌틴에는 용과 불사조가 나오는 반면 엘즈미어에는 사자의 몸, 독수리의 얼굴과 날개를 가진 그리핀griffin이 그려져 있다. 플로렌틴 패턴은 1874년에 첫선을 보였으니(터콰이즈 컬러는 1931년에 출시) 1930년대의 백 마크를 갖고 있는 엘즈미어가 나중에 출시됐다고 보는 것이 설득력이 있다. 그렇다고 엘즈미어 패턴이 품위가 없거나 조악한 것은 아니다. 그릇 수집가의 입장에서는 예쁘면 모두 용서가 되기 때문에 크라운 스태퍼드셔가 웨지우드를 모방했는지는 크게 중요하지 않다. 그리고 당대의 도자기 브랜드가 서로 영향을 주고받았던 것도 사실이다. 두 회사의 패턴이 비슷한 덕에 같이 세팅하면 한 세트처럼 잘 어울린다. 만찬 중 이야깃거리가 떨어졌을 때 '다른 그림 찾기' 같은 그릇 이야기로 화제를 돌릴 수 있는 것도 장점이다. 그래서 블루, 터콰이즈, 핑크, 그린 컬러를 다 갖고 있다. 같이 모아 놓고 보면 플로렌틴은 남성적인 느낌이 조금 더 강하고, 엘즈미어는 컬러가 밝고 화사해서 여성스럽다. 같은 듯 다르고, 다른 듯 같아서 이렇게 비슷한 시기에 출시된 다른 브랜드 그릇을 비교해 보는 것도 참 재미있다.

❖ 귀엽고 사랑스러운 차 세트, F9213

크라운 스태퍼드셔의 F9213 모델은 도자기 디자인이 앙증맞고 패턴이 사랑스러워서 나는 '어린이 찻잔'이라고 부른다. 그릇 컬렉팅 초창기에 우연찮게 F9213 티포트를 갖게 되었는데 볼수록 솜사탕처럼 달콤한 색감과 패턴이 마음에 들어 몇 년간 마음먹고 티 세트를 만들었다. 흰색 바탕과 베이비 블루 컬러의 기하학적인 줄무늬가 매우 잘 어울리고 그릇의 안팎에 포인트로 새겨진 부케가 참 사랑스럽다. 로열 덜튼의 브램블리 헤지 티 세트를 취학 전 어린 손녀에게 물려주고 싶다면, F9213은 이 손녀가 소녀의 나이가 됐을 때 선물하고 싶은 그릇이다. 이런 이유, 저런 이유 때문에 그릇을 모으고 또 모을 수밖에 없다.

크라운 스태퍼드셔 헬즈미어

장미 그릇의 대명사
로열 앨버트Royal Albert

생애 첫 디너 세트, 로열 앨버트

유명한 유럽 그릇 브랜드를 국내 백화점에서 본격적으로 볼 수 있었던 시기는 2000년대 초반으로 기억한다. 1980년대 후반부터 1990년대 초 일본의 거품 경제 시기 때 유럽의 주요 명품 도자기 업체들이 일본으로 유입됐고 일본의 소비자들은 앞다퉈 유럽의 그릇을 사들였다. 이러한 일본의 영향으로 국내 그릇 시장의 판도에도 변화가 생겼다. 로얄코펜하겐, 빌레로이앤보흐, 웨지우드 등 이전까지 국내에서 보기 힘들던 이색적인 디자인의 해외 브랜드가 빠르게 시장을 장악해 갔던 것. 그 시절 어머니 세대(현재 80세 이상의 고령층)에게 가장 많은 사랑을 받았던 브랜드 중 하나가 화려한 장미 일색인 로열 앨버트였다. 특히 올드 컨트리 로즈가 있는 집은 손님 접대 시 어깨에 힘이 들어가던 시절이었고, 내 인생의 첫 번째 디너 풀 세트도 바로 로열 앨버트의 컨트리 로즈였다. 로열 앨버트 브랜드는 1904년에 탄생했지만 그 뿌리는 1896년에 운영을 시작한 도자기 공장인 앨버트 웍스Albert Works에서 찾을 수 있다. 토머스 와일드Tomas Wild와 그의 아들 토머스 클라크 와일드Thomas Clark Wild는 영국 스토크온트렌트의 롱턴에 있는 앨버트 웍스라는 도자기 공장을 매입했다. 1897년 빅토리아 여왕의 즉위 60주년을 축하하는 다이아몬드 주빌리Diamond Jubilee에 그릇을 납품했고 이를 계기로 왕실 심벌 마크인 로열 워런트Royal Warrant를 받았다. 사업 시작 1년 만에 이러한 성과를 이룬 것은 어느 정도 이름 덕을 본 것이 아닌가 싶다. 먼저 세상을 떠난 남편 앨버트 공에 대한 사랑이 지극했던 빅토리아 여왕은 1895년에 태어난 손자 조지 6세George VI의 이름도 독단적으로 앨버트라고 지을 정도였으니까. 상황이 어찌 됐든 로열 앨버트는 아름다운 꽃 디자인의 고품질 백자를 생산하며 엄청난 명성을 쌓았다.

영국 서민 그릇이 되다

1904년에 정식으로 회사 이름을 '로열 앨버트'로 명명했다. 1917년 토머스 클라크 와일드의 아들인 토머스Thomas와 프레드릭Fredrick이 합류해 회사는 와일드앤선스Wild&Sons가 됐고 1920년대까지 윌리엄 로William Lowe, 쇼어앤코긴스Shore & Coggins 등 스태퍼드셔주의 도자기 브랜드를 12개나 소유할 정도로 성장했다. 로열 앨버트는 품질은 유지하되 가격 경쟁력을 갖춘, 차와 아침 식사를 즐길 수 있는 도자기 세트를 출시해 큰 호응을 얻었다. 이전까지는 고품질의 본차이나는 상류층의 전유물로 여겨졌으나 로열 앨버트가 과감하게 이를 탈피한 것이다. 당시 로열 앨버트의 창업 모토는 "세계에서 가장 싼 본차이나 제품을 만든다."였고 실제로 영국의 일반 가정집마다 장미가 만발한 로열 앨버트 찻잔 세트 한두 개씩은 갖고 있었다고 한다. 가격대가 '서민적'이었음에도 불구하고 왕실 장미와 우아한 곡선을 통해 본차이나의 우수성을 보여준 로열 앨버트는 계속 승승장구해 1970년대 초까지 로슬린Roslyn, 파라곤Paragon, 퀸 앤Queen Anne 등을 인수했다. 그러나 재정 악화로 1972년 로열 덜튼에 인수됐으며 2002년부터 영국에서 로열 앨버트의 생산이 중단돼 현재는 몇몇 아시아 국가에서 생산되고 있다. 그릇 뒷면에 '잉글랜드England' 또는 '메이드 인 잉글랜드Made in England'라고 쓰여 있으면 2002년 이전 제품이라고 생각하면 된다.

❖ 세상에서 가장 많이 팔린 그릇, 올드 컨트리 로즈 Old Country Roses

1962년에 출시한 로열 앨버트의 시그니처 패턴인 올드 컨트리 로즈는 세상에서 가장 많이 팔린 그릇으로 기네스북에 등재되어 있다. 앞서 언급한 것처럼 30여 년 전, 내 생애 첫 디너 세트가 바로 올드 컨트리 로즈 6인조로 시어머니의 결혼 선물이었다. 왕실 장미의 화려함을 극대화한 골드 라인은 깔끔하지 않고 약간 번진 듯한 느낌이 특징인데 붓이 아니라 스펀지로 두드리며 페인팅을 했기 때문이다. 이렇게 금칠을 하면 독특하고 예쁘기는 하나 붓으로 깨끗하게 그리는 것보다 금의 양이 2배 정도 더 들어간다고. 선물 받고 한동안은 거의 매일 사용했는데도 여전히 금빛이 반짝거리는 올드 컨트리 로즈. 한 가지 아쉬운 점이 있다면 그릇만 세팅했을 때는 영국 왕실의 꽃밭에 있는 듯 아름답고 황홀한데 한식만 담으면 일장춘몽에서 깨어난다는 것이다. 특히 빨간 양념과는 상극이라서 가급적 단조로운 색감의 요리와 매칭할 것을 추천한다.

❖ 꽃보다 장미 그릇, 올드 잉글리시 로즈 Old English Rose

로열 앨버트의 또 다른 장미 패턴으로 올드 컨트리 로즈만큼 유명하지는 않지만 출시된 지 80년이 훌쩍 넘은 패턴이다. 올드 잉글리시 로즈는 1939년에 처음 소개되어 1970년대 후반까지 다양한 형태로 변형되어 생산됐다. 그중 내가 갖고 있는 것은 골드 라인이 강조된 '해비 골드heavy gold'와 항아리처럼 찻잔의 입구가 살짝 좁은 형태의 햄프턴hempton이다. 유독 영국 그릇 브랜드에는 형태(shape)를 나타내는 자체 용어를 사용하는데 로열 앨버트 찻잔의 경우 대표적인 두 가지 유형이 햄프턴과 맬번malvern이다. 앞서 설명한 햄프턴은 살짝 좁은 입구에서 시작해 바닥으로 갈수록 점점 넓어지는 형태를 말하고, 반대로 맬번은 넓은 입구에서 시작해 아래로 갈수록 좁아진다. 각 브랜드에서 쓰는 용어를 전부 다 외울 필요는 없지만 알고 있으면 그릇을 이해하는 데 훨씬 더 도움이 된다.

❖ 매혹적인 블랙 찻잔, 세뇨리타 Senorita

1950년대에 로열 앨버트에서 생산한 세뇨리타는 현재 가장 가치가 상승한 그릇 중 하나라고 할 수 있다. 기존의 로열 앨버트 스타일과 많이 달라서인지 출시 당시에는 인기가 없었다고 한다. 하지만 워낙 짧은 시기에 생산된 후 단종되기도 했고 이후 꾸준히 찾는 사람들이 늘어나면서 국내외에서 인기 패턴이 되었다. 10여 년 전에 풀 세트를 구입할 기회가 있었음에도 블랙 망사 레이스 스타일이 나와 어울리지 않는다며 고사했는데 지금은 더 구하기 어려워져서 그때의 결정을 후회하고 있다. 역시 인생은 타이밍이라는 진리를 다시금 깨닫는다.

그릇 수집가들 중 일부는 보고 싶은 그릇이 오랫동안 구해지지 않을 때는 진품 대신 학습용으로 가품을 구입하기도 한다. 친한 지인이 내가 세뇨리타를 구한다는 것을 알고 일단 가품이라도 보라며 선물했는데 실물을 보고 나니 진품이 더 궁금해졌다. 그래서

아주 힘들게 찻잔 트리오 두 세트를 구했다. 패턴을 보면 볼수록 꽃이나 자연 풍경 등
전통적인 디자인을 선호했던 로열 앨버트에서 어떤 마음으로 세뇨리타를 출시했을까 더욱
궁금해진다. 세뇨리타의 찻잔은 햄프톤과 맬번 두 가지 타입으로 출시됐다.

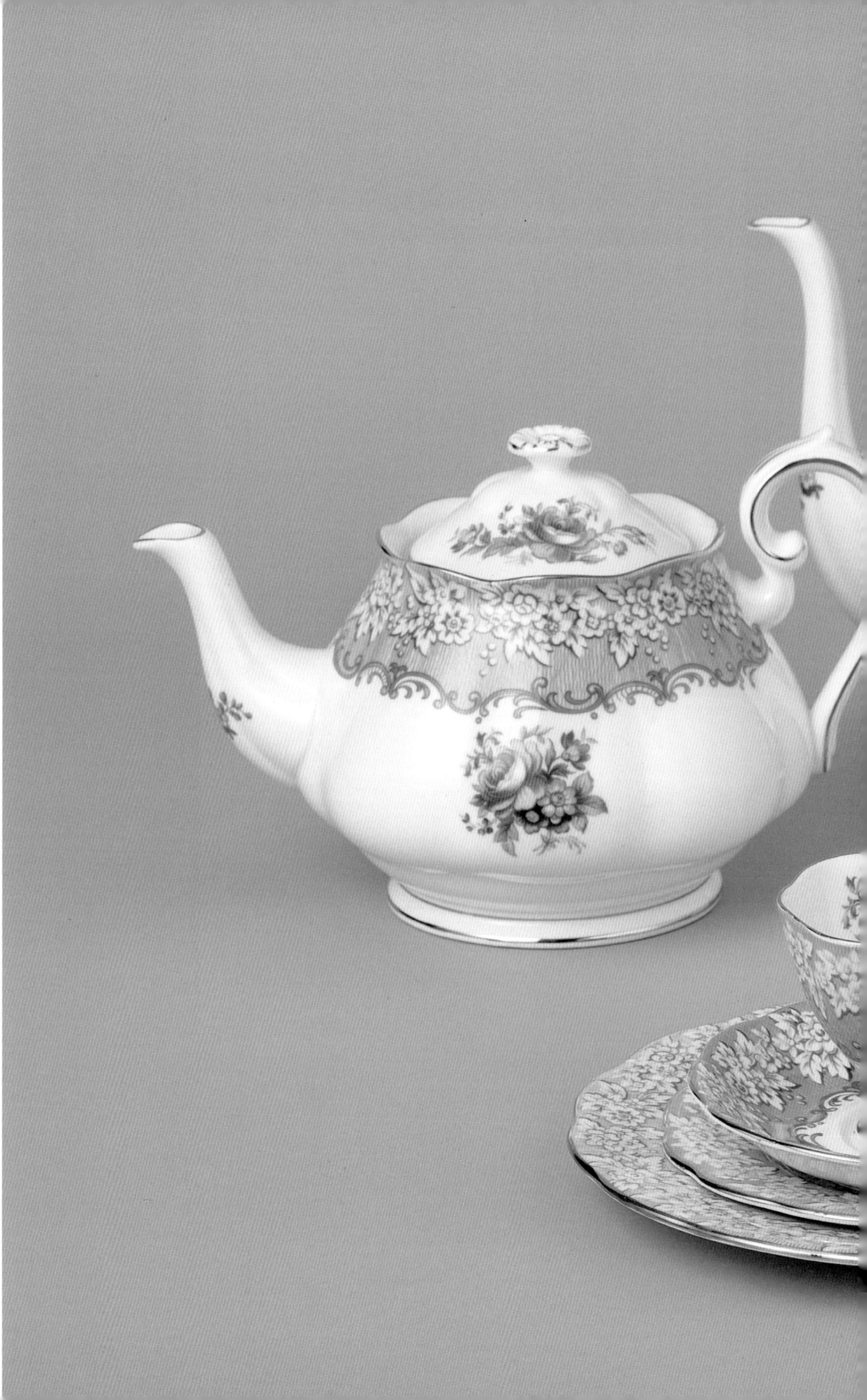

로열 앨버트 인챈트먼트

로열 앨버트

로열 앨버트 트 로랜스틴 블루마운

영국 왕실이 품질 보증한 도자기
파라곤 Paragon

영국 본차이나의 귀감이 된 그릇

파라곤의 블링블링한 찻잔은 마니아가 따로 있을 정도로 인기가 높다. 보통 패턴이
화려하면 사용감은 덜 좋기 마련인데 파라곤의 그릇은 디자인까지도 그렇게 실용적일
수가 없다. 티포트, 커피포트 할 것 없이 손잡이가 안정적이고 절수력 또한 만족스럽다.
그릇 디자인과 패턴도 나무랄 데가 없지만 파라곤이 조금 더 특별한 이유는 그릇
뒷면에 새겨진 문구 때문이기도 하다. 영국 왕실 문장紋章 바로 아래 적힌 작은 글씨
'BY APPOINTMENT TO HER MAJESTY THE QUEEN(여왕 폐하께 약속을 받았다는
의미)'이 그것. 이는 로열 워런트royal warrant, 즉 영국 왕실의 보증 문구로 파라곤이
1920~1930년대에 왕실의 출산을 기념하는 식기 세트를 납품한 공적을 높이 사 1933년에
이러한 권한을 부여 받았다고 한다.

로열 워런트는 도자기 회사를 포함한 다양한 업체가 영국 왕실이나 왕족에게 5년 이상
서비스를 제공했을 때 부여되며 자국뿐만 아니라 네덜란드, 벨기에, 룩셈부르크, 덴마크,
스웨덴, 일본의 왕실에까지도 서비스를 제공할 수 있는 자격이 주어진다. 또 이 보증서는
5년에 한 번씩 재심사를 받기 때문에 파라곤의 경우 같은 패턴의 제품이더라도 출시
연도에 따라 로열 워런트 문구가 있는 것도 있고 없는 것도 있다. 영단어 파라곤paragon의
사전적인 의미가 '귀감', '모범'인데 브랜드 이미지와 정확히 부합하는 이름이 아닐 수
없다.

하지만 파라곤의 설립 당시 이름은 스타 차이나Star China로 1897년 영국 도자기 명가
앤슬리 차이나Aynsley China 설립자의 증손자 허버트 앤슬리Herbert Aynsley와 휴 어빙Hugh
Irving의 파트너십으로 시작됐다. 1919년 파라곤으로 이름을 바꾼 후 티 세트와 식기류를

생산해 주로 호주, 뉴질랜드, 남아프리카공화국, 미주에 수출하며 큰 인기를 얻었다.
그러나 1960년대에 경영 악화로 로열 덜튼에 합병되었고 이후 여러 번 소유주가 바뀌었다.
파라곤은 전통적인 꽃 패턴을 디자인한 도자기를 주로 출시했으나 불행히도 초기 패턴은
오늘날 거의 남아 있지 않다고 한다. 1992년에 로열 덜튼이 로열 앨버트에 합병되면서
파라곤은 사실상 단종됐다.

✣ 웅장하고 이국적인, 트리 오브 카슈미르 Tree of Kashmir

동양적인 색채와 웅장한 스타일이 조화로운 티 세트로 '카슈미르의 나무'라는 독특한
이름을 갖고 있다. 카슈미르는 히말라야 산맥 동쪽 끝에 위치한 자치주로 1947년
영국의 식민지였던 인도와 파키스탄이 분리 독립하며 분쟁 지역이 되었다. 이후 인도와
파키스탄은 카슈미르를 두고 오랜 기간 동안 영토 분쟁을 해왔으며 현재까지도 계속되고
있다. 슬픈 역사를 갖고 있는 데 반해 카슈미르의 자연환경은 축복 그 자체다. 예로부터
땅이 비옥하고 지하자원, 목재, 수자원이 풍부하며 직조업이 발달해 카슈미르 지방에서
나는 산양 털로 짠 고급 모직물을 캐시미어cashmere(카슈미르와 같은 말)라고 부른다.
이 패턴의 찻잔은 부드러운 부채꼴 모양의 가장자리와 화려한 손잡이가 특징으로 로열
앨버트로 합병된 이후인 1970년대 초반에 출시되어 거의 20년간 생산되었다. 파라곤이
어떤 이유에서 '카슈미르의 나무'라는 이름을 붙였는지 알 수는 없으나 그릇만 봐서는
갈등과 공포는 전혀 보이지 않는다. 그저 아름답고 화려한 파라곤 카슈미르의 나무만 보일
뿐이다.

파라곤 찻주전자

파라곤 커피잔

파라군 어페선

블루 윌로 패턴의 대명사
부스 Booths

영국 도자기 산지에서 시작된 부스

도자기를 만들 때 가장 중요한 것은 무엇일까? 기술적인 부분도 중요하지만 도자기의
원재료인 흙이 좋아야 한다. 독일의 바바리아와 프랑스의 리모주Limoges가 각각 대표
도자기 산지가 된 것도 최상의 흙을 보유하고 있었기 때문이다. 그렇다면 영국의 최대
도자기 산지는 어디일까? 바로 잉글랜드의 스태퍼드셔주로 풍부한 점토와 석탄을
바탕으로 1750년대 이후 초창기 유럽의 도자기 제조 중심지였다. 리얼 올드 윌로Real Old
Willow 패턴으로 유명한 부스 역시 스태퍼드셔의 턴스톨Tunstall(버슬렘Burslem, 롱턴Lonton,
펜턴Fenton, 핸리Hanley, 스토크어폰트렌트Stoke-upon-Trent와 합병되어 영국 스태퍼드셔의
스토크온트렌트Stoke-on-Trent시를 형성한 6개 도시 중 하나)에서 시작됐다.

부스의 설립 시기와 설립자에 대해서는 의견이 분분하지만 1850년대 부스Booth 가문에
의해 설립된 토기 제조업체로 주로 중국과 일본 도자기를 모방한 그릇을 생산했다. 특히
자포니즘Japonism(19세기 중후반 유럽에서 유행하던 일본풍의 사조) 스토리가 있는 로열 세미
포슬린Royal Semi-Porcelain과 실리콘 차이나Silicon China라는 고품질 토기를 생산하며 명성을
얻었다. 1900년대 초반에 부스는 고급 도자기와 경쟁할 수 있는 얇은 토기인 실리콘
차이나 본체를 사용해 고전적인 청색 도자기를 대량 생산했다. 비슷한 시기에 부스는
필스베리Pillsbury 가문에 인수됐으나 제조 공정을 현대화하고 가마와 금형을 개선하는
등 새로운 기술을 도입해 계속 번창했다. 이후 부스 이름의 소유권은 피어슨 그룹Pearson
Group, 리지웨이Ridgway, 로열 덜튼Royal Doulton 등 다양한 회사를 거쳐 갔고 부스라는
브랜드명은 1980년대 중반까지 사용됐다.

부스를 유명하게 만든 패턴, 리얼 올드 윌로

사실 도자기 애호가들 사이에서는 부스라는 브랜드명보다 리얼 올드 윌로라는 패턴이 더 잘 알려져 있다. 다리, 탑, 배, 두 마리의 새가 있는 풍경화와 섬세한 푸른 버드나무 문양이 특징인데 전반적으로 중국적인 색채가 짙다. 그도 그럴 것이 부스의 리얼 올드 윌로는 폭력적인 황제를 피해 비둘기로 변한 두 연인에 관한 중국 전설에서 영감을 받았다고 한다. 비슷한 시기에 중국의 청화 백자가 유럽에 전파되면서 자연스럽게 영향을 받은 것으로 짐작된다. 이 패턴은 19세기 초 영국에서 큰 인기를 얻었으며 여러 고급 도자기 제조업체에서 채택해 비슷한 패턴을 양산했다. 윌로willow는 영어로 버드나무라는 뜻으로 푸른색의 버드나무, 즉 블루 윌로 패턴은 다른 도자기 브랜드에서도 종종 볼 수 있으나 부스만의 디테일과 우아한 곡선은 따를 자가 없다.

부스의 리얼 올드 윌로는 탄생한 지 100년이 넘은 패턴으로 클래식한 블루와 화이트 컬러로 제작되어 뛰어난 품질과 내구성을 자랑한다. 특이한 점은 리얼 올드 윌로의 생산 연도에 따라 패턴 번호가 다르다는 것. 1906년부터 1943년도에 생산된 것은 '9072'의 번호를, 1944년부터 1981년도에 생산된 것은 'A8025'의 번호를 갖는다. 또한 그릇 테두리의 장식에 따라 세 가지로 분류되는데 금장, 브라운 그리고 금장과 브라운이 섞인 것이 그것이다. 이 가운데 모든 테두리와 안쪽 밴드가 전체적으로 금장이 되어 있는 것이 가장 고가에 거래된다. 브라운은 금의 공급이 부족했던 제2차 세계 대전 시기에 생산된 제품이며, 일반적으로 가장 많이 볼 수 있는 제품은 골드와 브라운이 섞인 그릇이다. 짐작하건대 원래 브라운 제품이었던 것에 금장을 추가한 게 아닐까 싶다.

부스는 1982년 로열 덜튼에 인수되어 1999년까지 리얼 올드 윌로를 생산했으며 이때 생산된 제품의 뒷면에는 로열 덜튼 스탬프와 더불어 '더 마제스틱 컬렉션The Majestic Colletion'이란 문구가 추가되었다.

부스 리얼 올드 윌로

마니아층이 두터운 영국 도자기
셸리 Shelley

셸리라는 이름을 갖기까지

셸리는 다른 영국 도자기 브랜드와 다른 점이 몇 가지 있다. 하나는 셸리라는 이름 외에 전신인 와일먼, 폴리까지 두루 잘 알려져 있다는 것, 두 번째는 전 세계적으로 두터운 팬 층을 확보하고 있다는 것이다. 대체 셸리의 어떤 점이 그릇 수집가들을 이토록 열광시켰을까? 이를 알기 위해서는 셸리의 시작부터 찬찬히 들여다볼 필요가 있다. 셸리의 이야기는 1860년대 영국 스태퍼드셔주의 팬턴과 롱턴 사이에 위치한 대형 도자기 제조소인 폴리 웍스Foley Works의 소유주인 와일먼Wileman 가문이 고급 자기를 생산할 목적으로 두 번째 제조소를 설립하면서 시작됐다.

찰스Charles와 제임스James 와일먼 형제는 자기와 토기를 분리해 각각 제조소를 운영하다가 1870년에 찰스가 은퇴하자 제임스가 두 곳을 모두 인수했다. 그는 조셉 셸리Joseph Shelley라는 파트너와 함께 제조소를 운영했으며 이때 회사 이름을 와일먼(Wileman&Company)으로 명명했다. 제임스 와일먼은 원래 담당했던 토기 작업을 다시 맡았고, 조셉 셸리는 자기 생산에 집중하며 최고 품질의 본차이나 제품을 얻는 데 최선을 다했다. 셸리의 시작은 와일먼 가문이었으나 의미 있는 발전을 이룬 것은 조셉 셸리의 역할이 컸다고 할 수 있다. 1881년 조셉 셸리의 아들 퍼시Percy가 합류하면서 셸리의 명성은 점점 더 높아졌다. 퍼시 셸리는 타고난 사업가로 일을 빨리 익혔고 당대 최고의 도예가와 석판 디자이너를 영입해 제품의 디자인과 품질 개선을 이뤄냈다. 그는 영국뿐 아니라 해외에서도 제품을 판매하며 사세를 확장시켰고, 특히 해외에서는 데인티Dainty 형태가 큰 인기를 끌었다. 와일먼 가문의 인사들이 모두 떠난 후 셸리 가문이 도자기 제조소를 운영하면서 브랜드 이름을 와일먼에서 해당 지역 명칭인 '폴리Foley'로 변경했던

하루한권, 홍차

것으로 보인다. 1910년경 셸리는 폴리 이름의 사용을 놓고 다른 도자기 제조소들과 법적 다툼을 벌였으나 패해 공식적인 도자기 이름을 '셸리'로 변경하기로 결정했다. 우리가 잘 알고 있는 셸리는 1925년에 그렇게 탄생했다.

한번 빠지면 헤어나오기 힘든 셸리의 매력

셸리의 백 마크를 통해 브랜드 연혁을 유추해 보면 와일먼, 폴리, 셸리로 이름이 바뀌었다는 것을 알 수 있다. 수집가들이 심플하게 '셸리'로 통칭하지 않고 연혁에 따라 와일먼과 폴리를 구분해 언급하는 이유는 다른 브랜드로 여겨질 정도로 각 이름의 캐릭터가 뚜렷하기 때문이다. 특히 셸리가 '폴리'였던 시기는 비교적 짧았음에도 불구하고 이때 출시된 그릇을 보면 작품이라는 말밖에는 달리 표현할 방법이 없다. 티룸의 진열장에도 폴리 시절의 셸리를 따로 모아 두었는데 패턴과 컬러는 말할 것도 없고 그릇 디자인 자체가 매우 독특해 접시를 사이즈별로 포개 놓으면 큼지막한 꽃 한 송이가 핀 것 같다.

얇지만 강하고 아름다운 도자기의 대명사인 셸리는 1920~1930년대에 출시된 아르 데코Art Déco 스타일로 정점을 찍었고 1950년대까지 전성기를 누리다가 대량 생산과 저렴한 가격에 밀려 1966년 앨리드 포터리스Allied Potteries에 매각된 후 사실상 모든 생산이 중단됐다. 그렇다고 셸리라는 브랜드가 역사 속으로 영영 사라진 것은 아니다. 전 세계에 퍼져 있는 셸리의 애호가들이 셸리차이나클럽(www.shelleychinaclub.com)이라는 동호회를 만들어서 서로 정보를 공유하고 수집품을 자랑하며 소소한 행복을 나누고 있기 때문. 나 역시 이 동호회에 가입했는데, 앤티크 마켓에서 거래되는 셸리 그릇의 가격을 정할 정도로 셸리차이나클럽의 입김이 세다. 그릇을 하나씩 모을 때마다 성취감이 생기는 셸리, 그러나 세계 곳곳에 포진해 있는 마니아들로 인해 점점 더 구하기 어렵고 몸값도 상승 중인 셸리. 그래도 이런 동호회를 통해 비슷한 관심사를 가진 사람들과 소통할 수 있다는 것만으로도 상당한 위안을 느낀다.

셀리 메인티 타포트

내 마음속 일등 영국 도자기
민튼 Minton

블루 중의 블루, 민튼 블루

누군가 나에게 영국 3대 도자기를 물어보면 로열 크라운 더비, 웨지우드와 함께 민튼을 꼽는다. 로열 크라운 더비와 웨지우드는 대부분의 그릇 수집가들이 동의할 것이고, 민튼은 개인 취향을 반영한 것이다. 이유는 내가 가장 좋아하는 컬러인 블루 중에서 민튼이 구현하는 블루가 가장 이상적인 컬러라고 생각하기 때문이다. 프랑스에 '세브르 핑크 Sèvres pink(퐁파두르 부인이 특히 좋아하던 장미색으로 로즈 드 퐁파두르 Rose de Pompadour라고 부르며 실제로는 핑크 컬러에 가깝다.)'에 대적할 만한 색이 영국의 '민튼 블루 Minton blue'라고 생각한다. 그 정도로 민튼의 블루는 매우 독특하고 오묘한 푸른색으로 스카이블루의 가장 아름다운 부분을 뽑아내 만든 것 같다. 그래서 유럽의 박물관을 방문하면 민튼 도자기는 일부러 찾아본다. 소유할 수는 없지만 눈에 담고 마음속에 저장하기 위해 보고 또 본다. 영국의 주요 도자기 제조 회사인 민튼의 기원은 1793년 스토크어폰트렌트 Stoke-upon-Trent에 도자기 공장을 설립해 토기를 생산했던 토머스 민튼 Thomas Minton에서 찾을 수 있다. 그는 본차이나를 제조하는 조셉 폴슨 Joseph Poulson과 파트너십을 맺어 토기와 자기 제품을 모두 생산하게 된다. 토머스 민튼은 윌로 패턴 willow pattern을 처음 사용한 사람으로도 잘 알려져 있다. 파란색과 흰색의 윌로 패턴, 즉 '버드나무 무늬'는 중국 도자기에서 영감을 받은 것으로 영국 도자기 패턴의 전형이라고 할 수 있다. 윌로 패턴이 인기를 끌면서 민튼의 혁신적인 디자인과 좋은 품질은 더욱 널리 알려졌고 이를 계기로 사세가 확장됐다. 민튼은 당시 유럽을 휩쓸고 있던 사조인 시누아즈리 chinoiserie(프랑스어로 '중국풍', '중국 취향'을 의미한다.)를 반영해 동양적인 모티브와 은은한 컬러, 우아한 패턴을 선보이며 민튼 도자기를 높은 수준으로 끌어올렸다.

영국 도자기사에 한 획을 그은 민튼

토머스 민튼이 사망하자 그의 아들 허버트Herbert가 아버지의 사업을 이어받아 새로운 생산 기술을 개발해 사업을 확장했다. 그는 당시 도예의 수준이 높았던 세라믹의 도시 더비Derby에서 활동하던 우수한 도공들을 영입해 수채화 같은 색채와 전원 풍경 등 영국인의 정서에 맞는 스타일을 도자기에 반영하며 영국 왕실에서도 좋은 평가를 받았다. 민튼은 도자기뿐만 아니라 타일로도 유명한 회사인데, 1845년에는 비즈니스 영역을 넓혀 타일 제조 회사를 설립했다. 민튼의 타일은 미국 워싱턴 D.C.의 국회의사당과 대표적인 유럽의 신고전주의 건축물인 영국 리버풀의 세인트 조지 홀St. George's Hall의 바닥에 사용되는 등 작품성과 품질을 인정받았다.

허버트의 사망 후 회사를 인수한 조카 콜린 민튼 캠벨Colin Minton Campbell은 굉장히 역동적이고 야심 있는 캐릭터로 중국의 칠보, 일본의 옻칠, 터키의 도자기를 탐구하기도 했다. 1890년대 민튼은 당시 대중에게 큰 인기를 끌었던 마졸리카majolica(15세기경에 이탈리아에서 발달한 석회질 토기로 보통 흰 바탕에 여러 가지 그림물감으로 무늬를 그린 것이 특징이다. 마욜리카라고도 부른다.) 도자기를 생산하며 아르 누보art nouveau 스타일에도 크게 공헌했다. 그렇게 민튼은 유럽 식기 부문에서 최고의 자리를 차지했지만 제2차 세계 대전 이후 스태퍼드셔 도자기의 전반적인 쇠퇴기를 피할 수는 없었다. 1968년 로열 덜튼에 합병되었고 1990년대와 2000년대에 걸쳐 스토크온트렌트의 민튼 도자기 공장이 모두 철거되며 사실상 역사 속으로 사라졌다.

어떤 영국 도자기보다 역동적이었던 민튼은 도자기 식기에 만족하지 않고 타일 마감재까지 사업 영역을 확장했으며 19세기 영국에서 선풍적인 인기를 끈 마졸리카 생산에도 앞장섰다. 또한 다른 나라의 도자기 관련 기술과 디자인을 수용해 끊임없이 변화·발전했는데 시누아즈리의 산물인 윌로 패턴을 도자기에 처음 적용한 것도 민튼이다. 이렇게 혁신에 혁신을 거듭한 결과 유일무이한 '민튼 블루'가 탄생한 것이 아닌가 싶다. 민튼 마니아인 나에게 불행인지 다행인지, 국내에서 민튼이 저평가되어 있는 느낌도 없지 않지만 시간이 지날수록 그 가치는 더욱 반짝반짝 빛날 것이라고 생각한다.

영국 포슬린 꽃포지 티포트의 정수
로열 스트랏포드 Royale Stratford

'운발'로 품은 1인용 티포트

그릇 수집이 기다림의 미학인 이유는 한꺼번에 풀 세트를 구하기 어렵기 때문이다. 그래서 늘 관심을 두고 찾아 헤매고 기다리는 것이 나와 같은 그릇쟁이의 일과라고 할 수 있다. 하지만 아주 가끔 그릇 운이 트일 때가 있다. 로열 스트랏포드의 꽃포지 티포트를 들일 때가 딱 그랬다. 포지posy는 작은 꽃다발을 의미하는 영어 단어로 앤티크 그릇 수집가들은 이런 꽃다발 디자인을 보통 '꽃포지'라고 부른다. 평소 가깝게 지내던 셀러가 로열 스트랏포드 꽃포지 티포트 총 17가지의 디자인 중 16가지를 갖고 있다고 해서 고민 없이 한꺼번에 들였다. 누가 봐도 사랑스러운 꽃포지 티포트를 하나둘 모으던 시점이어서 망설일 이유가 없었다. 모든 복이 그러하듯 '그릇 복'도 매번 있는 것이 아니기 때문에 그 복이 들어올 때 잡으려면 만반의 준비를 하고 있어야 한다.

로열 스트랏포드는 1976년 존 힌크스John Hinks라는 사람이 스태퍼드셔주의 롱턴에 설립한 중소 도자기 회사 중 하나였다. 주로 장식 도자기와 피겨린을 생산했던 곳으로 1978년에 스트랏포드 본 차이나Stratford Bone China로 사명이 변경됐다. 하지만 회사 이름이 변경된 이후에도 마켓에서 주로 '로열 스타랏포드'로 거래되었고 1997년에는 '로열 스트랏포드'로 상표 등록을 완료했다. '로열 스트랏포드' 또는 '스트랏포드 본차이나'로 검색하면 꽃포지 티포트를 비롯해 몇몇 피겨린과 그릇이 국내외 마켓에서 거래되고 있긴 하지만 관련 자료가 거의 없는 것으로 보아 사업이 그리 성공적이지는 않았던 것 같다.

내가 보유하고 있는 로열 스트랏포드 제품은 1인용 꽃포지 티포트를 비롯해 포지 디자인이 훨씬 더 화려해서 머리에 화관을 두른 듯한 사계절 티포트, 디퓨저 스틱을 꽂아 사용할 수 있는 포푸리 포트 등이다.

로열 스토랏포드

가장 인기 있는 모델인 1인용 꽃포지 티포트는 1992년도에 출시해 2005년까지 생산한 후 단종됐다. 연혁으로만 따지면 앤티크 컬렉션에 이름을 올리기 어렵지만 많은 수집가들이 탐내는 제품이라서 리스트에 포함시켰다. 뚜껑을 장식한 꽃포지는 모두 수작업으로 제작됐으며 티포트 보디에는 뚜껑의 꽃포지와 같은 꽃이 그려져 있다. 기분 낼 때 한 번씩 사용하긴 하나 꽃포지가 손상될 염려가 있어서 주로 장식용으로 활용한다. 내 티룸 입구에 꽃포지 티포트를 나란히 전시해 두고 꽃이 그리울 때 이따금씩 들여다보는 중이다.

로열 스트랏포드

IRELAND

3

아일랜드의 보석
벨릭 Belleek

아일랜드의 대자연을 담은 도자기, 벨릭

조개껍데기를 연상시키는 디자인과 컬러로 압도적인 비주얼을 자랑하는 아일랜드 명품 도자기 벨릭. 2014년 〈그릇 읽어주는 여자〉 블로그를 통해 처음 벨릭을 소개할 때만 해도 국내에는 알려진 바가 거의 없는 매우 낯선 브랜드였는데, 10년 정도 지나고 나니 그릇 수집가들 사이에서는 어느 정도 인지도를 갖게 되었다. 오래전에 영국의 포슬린 박물관에서 벨릭 도자기를 처음 보고 이전에 알던 그릇과는 전혀 다른 느낌이어서 신선한 충격을 받았다. 젊은 시절, 자개로 만든 어머니의 장롱을 보고 영롱하다고 느낀 적이 있는데 벨릭의 티 세트가 딱 그런 느낌이었다. 알고 보니 벨릭은 '프릿frits'이라는 유리 성분의 혼합물을 사용해 비스크bisque 도자기의 질감을 내는 파리안parian 도자기였던 것. 영국의 유명한 도자기 브랜드 민튼Minton과 코플랜드Copeland가 19세기의 주요 파리안 제조업체였고 현재까지 벨릭이 파리안 도자기를 만들고 있다.

벨릭은 북아일랜드 페르마Fermanagh 카운티에 있는 마을 이름이다. 1846년경 지질학에 관심이 많았던 존 콜드웰 블룸필드John Caldwell Bloomfield가 아버지로부터 이 마을을 상속 받으며 벨릭 도자기의 역사가 시작됐다. 지질학적 조사를 통해 상속 받은 지역에 광물이 풍부하다는 것을 알게 된 그는 친분이 있던 런던의 건축가 로버트 윌리엄스 암스트롱Robert Williams Armstrong, 더블린의 무역상 데이비드 맥버니David McBirney와 함께 도자기 사업을 시작했다. 처음에는 지금의 그릇 형태가 아닌 바닥 타일이나 병원 위생 시설 등을 만들다가 1863년 즈음 새로운 도자기 장인들을 영입해 본격적으로 고품질 도자기를 생산하기 시작했다. 이후 벨릭 도자기는 호주, 캐나다, 영국, 미국 등에 수출되었고 웨일스의 왕자, 빅토리아 여왕, 귀족 등이 주요 고객일 정도로 인기가 높아졌다.

(위에서부터 시계 방향) 커피포트와 찻잔은 벨릭 뉴웰, 아니, 삼목

이목을 끄는 독특한 디자인과 고령토와 장석으로 만든 질감이 벨릭의 명성을
드높였으나 3명의 창립자가 사망한 후 다른 회사에 인수됐다. 다행인 점은 1900년
프랑스 파리의 만국 박람회에서 금메달을 수상하는 등 한동안 품질이 유지됐으나
1920년대에 단돈 1만 파운드에 매각되어 이전의 명성은 찾기 힘들어졌다. 그래서 세계
각국의 많은 벨릭 컬렉터들은 1920년 이전의 작품에 열광한다. 벨릭 도자기의 공식
홈페이지(www.belleek.com)를 방문하면 샴록Shamrock 등의 클래식 라인은 몇 개 남아 있지
않고 대중적인 디자인과 가격대의 다양한 컬렉션을 확인할 수 있다.

❖ 인어 공주가 사랑한 그릇, 넵튠 Neptune

넵튠은 로마 신화의 넵투누스Neptūnus의 영어식 이름으로 그리스 신화의 포세이돈과 같이
바다의 신을 의미한다. 벨릭 브랜드를 떠올렸을 때 가장 먼저 생각나는 디자인으로 대왕
조개를 모티브로 한 듯한 티포트와 찻잔이 인상적이다. 넵튠의 기본 컬러는 크림색이며,
여기에 옐로, 핑크, 그린 등의 포인트 컬러를 사용해 그러데이션 효과를 주어 더욱
섬세하고 아름다워 보인다. 넵튠 핑크는 옐로, 그린과 달리 금 테두리가 둘러진 것이
특징으로 마치 바닷속 세상에서 인어 공주가 사용할 법한 형상을 하고 있다. 그런가 하면
넵튠 찻잔의 굽과 티포트의 뚜껑 꼭지는 어린 시절에 맛보았던, 유원지의 대표 주전부리
갯고동(다슬기)을 똑 닮았다. 넵튠의 신비스러운 컬러는 '마더 오브 펄mother of pearl'이라는
포슬린 페인팅 물감을 사용해 냈을 것으로 생각되는데, 이 물감을 바르면 전복 껍데기
안쪽의 무지갯빛과 같은 오묘한 색감이 나온다.

1891년부터 1968년까지 생산된 벨릭 넵튠은 현재 구하기 힘든 라인으로 내가 보유 중인
아이템의 백 마크는 모두 다르다. 출시 연도가 다른 만큼 같은 넵튠 옐로라도 컵 안쪽에
노란색을 많이 띠는 것도 있고, 어떤 것은 자개처럼 영롱한 색을 내기도 한다. 전반적으로
그릇의 두께가 매우 얇고 아담한 사이즈라 실제 사용 용도로 그리 적합한 디자인은
아니다. 하지만 동화 속에서나 등장할 법한 그릇을 이렇게 가까이서 감상할 수 있다는
것에 그릇 수집 충족 조건을 충분히 채웠다고 할 수 있다.

❖ 바닷속 세상의 그릇들, 뉴 셸 & 샴록 & 어니 & 림펫
New Shell & Shamrock & Erne & Limpet

벨릭의 다른 라인인 뉴 셸, 샴록, 어니, 림펫 역시 넵튠처럼 바닷속을 연상시키는 형태와
컬러를 갖고 있어 모두 동일 라인이라고 해도 믿을 것 같다. 뉴 셸 라인은 조개껍데기에
붙어사는 부착 생물을 모티브로 한 것 같은 디자인이 특징이다. 특히 티포트의 주둥이와
손잡이에 부착 생물이 붙어 있는 듯한 느낌을 집중적으로 표현했는데, 티포트가 오랫동안
바닷속 깊은 곳에 잠겨 있었던 것처럼 실감나게 디테일을 살렸다.

샴록은 아일랜드의 국화國花인 토끼풀을 의미하며 샴록 그릇에는 세잎클로버가 그려져
있다. 샴록은 벨릭의 대표적인 패턴으로 현재까지 생산되고 있는 유일한 패턴이기도 하다.
어니는 아일랜드 섬 북부의 강 이름으로 찻잔 형태가 셸리 데인티Shelley Dainty처럼 꽃
모양이다. 림펫은 바위 지역에서 고둥과 함께 바위에 붙어사는 삿갓조개를 말하며 림펫
그릇은 조개껍데기 표면의 주름 무늬를 잘 살렸다.

이처럼 네 가지 라인은 디테일이 조금씩 다르지만 식물, 강, 생물 등 아름다운 아일랜드
대자연을 표현했다는 공통점이 있다. 벨릭의 올드 라인들은 모두 아일랜드의 정체성을
담고 있어서인지 다른 라인임에도 비슷하게 보이는 것 같다.

도록판번호

벨릭 뉴셸 & 네곰

DENMARK

4

명불허전 덴마크 대표 포슬린
로얄코펜하겐 Royal Copenhagen

파란색 그릇의 대명사, 로얄코펜하겐

내 심장을 뛰게 하는 색은 단연 블루이다. 작정하고 푸른색 앤티크 그릇을 모은 것은
아니지만 마음 가는 것에 지갑이 열렸을 터, 브랜드 또는 라인과 상관없이 파란빛을 띠는
그릇이 참 많다. 그런 내가 새하얀 그릇에 선명한 코발트블루의 패턴을 새긴 로얄코펜하겐을
좋아하는 것은 지극히 자연스러운 일이다. 로얄코펜하겐은 현재 국내에서 품질과 디자인을
모두 인정받은 가장 친숙한 유럽 그릇 브랜드 중 하나이지만 처음부터 이런 명성을 얻은
것은 아니었다. 덴마크도 다른 유럽 국가들과 마찬가지로 명·청나라 시대에 중국에서
수출된 청화 백자에 매료되어 이를 모방하면서 로얄코펜하겐의 역사가 시작되었다.
로얄코펜하겐은 마이센보다 65년이 늦은 1775년, 덴마크 왕실로부터 도자기 제작
독점권을 부여 받은 화학자 프란츠 하인리히 뮐러Frantz Heinrich Müller가 덴마크 코펜하겐에
있는 우체국을 개조해 도자기 공장을 열면서 시작되었다. 처음부터 왕실의 공식적인 후원을
받은 것은 아니었고 1779년 크리스티안 7세Cristian Ⅶ의 재위 시절에 왕립 도자기 공장으로
명명됐다. 당시는 덴마크와 노르웨이가 하나의 왕국이었는데 1772년 노르웨이에서 풍부한
코발트 광맥이 발견되면서 이후 로얄코펜하겐의 발전에 크게 기여했다. 로얄코펜하겐이
지금의 브랜드 인지도를 얻게 된 데는 아티스트들과의 협업이 큰 몫을 차지한다. 1883년
토기 회사인 아루미니아Aluminia에 인수된 이후 실무 경험이 없는, 30세가 채 안 된 건축가
아놀드 크로그Arnold Krog를 예술 감독으로 영입해 당대 여러 화가들과 함께 작업했다. 이런
파격적인 시도를 통해 완성된 새로운 도자기는 여러 국제 전시회에서 상을 받았고 1889년
파리에서 열린 만국 박람회에서 그랑프리를 수상하며 국제적인 명성을 쌓게 되었다.

로얄코펜하겐 블루 플루티드

로얄코펜하겐 심벌의 비밀

브랜드 이름에서 짐작할 수 있듯이 로얄코펜하겐은 덴마크 왕실의 든든한 후원 아래 250여 년 동안 최고의 도자기 자리를 지킬 수 있었다. 이는 브랜드 로고에도 여실히 드러난다. 로고의 왕관 문양은 왕실과의 우호적인 관계를 나타내며, 왕관 아래 세 개의 물결무늬는 덴마크를 지나는 세 개의 해협을 의미한다. 덴마크의 중앙부를 남북으로 관통하는 대벨트해협과 덴마크 유틀란트 반도와 핀섬 사이에 있는 소벨트해협, 그리고 덴마크 셀란섬과 스웨덴의 스코네반도 사이에 있는 외레순해협이 그것이다. 이 물결무늬는 로얄코펜하겐 도자기에 그림을 완성한 작가의 서명과 함께 그릇 밑면에 각인되는데 시간이 지남에 따라 조금씩 변모했음을 알 수 있다.

로얄코펜하겐의 앤티크 그릇을 만나면 언제쯤 출시됐을까 궁금할 때가 있다. 각 그릇의 생일을 알면 모으는 재미가 배가되는데 로얄코펜하겐 공식 홈페이지(www.royalcopenhagen.com)의 '우리의 유산(OUR LEGACY)' 탭에서 연도별 백 마크를 확인할 수 있다. 덴마크의 사모 펀드 악셀Axcel이 소유권을 갖고 있던 로얄코펜하겐은 지난 2013년 핀란드의 국민 기업 피스카스Fiskars 그룹에 매각됐다. 피스카스 그룹은 로얄코펜하겐뿐만 아니라 웨지우드, 로열 덜튼, 로열 앨버트 등을 보유한 글로벌 소비재 그룹으로 앤티크 그릇을 공부하다 보면 한 번쯤 들어볼 법한 회사이니 이번에 알고 지나가는 것도 좋을 것 같다.

❖ 덴마크의 문화유산, 블루 플루티드 Blue Fluted

로얄코펜하겐 최초의 디너웨어 라인으로 블루 플루티드 문양의 장식적 요소와 간결함은 몇 세대에 걸쳐 많은 인기를 끌고 있다. 약 250년이 지난 지금까지도 촌스러운 느낌 전혀 없이 여전히 아름다울 수 있는지, 이것이 바로 명품의 힘이 아닌가 싶다. 블루 플루티드 라인은 1775년부터 핸드 페인팅의 전통을 그대로 이어받아 한 사람의 페인터에 의해 처음부터 끝까지 완성된다고 한다. 플루티드fluted는 '세로로 길게 새겨진 홈'이라는 의미인데 보면 볼수록 마이센의 쯔비벨무스터와 비슷하다는 생각이 든다. 중국의 청화 백자를 모방한 마이센이 덴마크 로얄코펜하겐에 영향을 준 것은 너무 당연한 일일 것이다. 청화 백자의 본고장인 중국에서도 로얄코펜하겐 판매량이 어마어마하다고 하니 이것이 진정한 청출어람이 아닐까.

블루 플루티드는 디테일에 따라 플레인plain, 하프 레이스half lace, 풀 레이스full lace로 나뉜다. 접시 끝부분이 매끄럽게 떨어진 플레인과 달리 풀 레이스는 그릇의 라인 끝이 레이스처럼 구멍이 뿅뿅 뚫려 있다. 그리고 하프 레이스는 라인 끝이 레이스처럼 둘러져 있긴 하나 구멍이 없는 것을 말한다. 작업의 난이도에 따라 풀 레이스가 가장 고가이고 하프 레이스, 플레인 순으로 가격대가 형성되어 있다. 블루 플루티드 풀 레이스 아이템 중 하나를 꼽으라면 주저 없이 '악마 티포트'로 불리는 덴마크 수호신이 있는 티포트를 추천한다. '악마'라는 애칭은 생김새 때문에 붙은 것 같은데 스칸디나비아 지역에서 부엌을 지켜주는 수호신을 의미한다고 한다. 가격은 많이 비싸지만 그만한 가치가 있는 티포트로, 어쩌면 저리 세밀하게 표현했는지 감탄사가 절로 나온다. 보유 중인 티포트의 수호신 얼굴은 모두 다른데 작가의 손길에 따라 귀여운 요정으로 보일 수도, 무서운 악마로 보일 수도 있어 이 또한 엄청난 매력이 아닐 수 없다.

✣ 덴마크 최고의 걸작, 플로라 다니카 Flora Danica

정교한 형태와 생생한 색채, 화려한 도금으로 예술가들과 도자기 애호가들의 극찬을 받고 있는 플로라 다니카는 동명의 덴마크 식물도감에서 비롯됐다. 식물도감 『플로라 다니카』는 1752년 식물학자인 게오르그 크리스티안 외더Georg Christian Oeder가 시작해 후임자를 거쳐 122년 만에 완성됐으며, 3240개의 꽃과 식물을 세밀하게 기록해 51권의 소책자로 구성했다. 로얄코펜하겐 플로라 다니카 라인의 아름다운 식물 그림은 바로 이 식물도감에서 그대로 가져온 것이다. 1790년 덴마크 국왕 크리스티안 7세Cristian Ⅶ가 러시아의 여제 예카테리나 2세Yekaterina Ⅱ에게 선물할 목적으로 『플로라 다니카』 도감을 작업했던 요한 크리스토프 바이어Hohann Christoph Bayer라는 화공에게 그릇 디자인을 의뢰하면서 플로라 다니카의 긴 여정이 시작됐다. 하지만 혼자서 최고의 작품을 완성하기에는 너무도 오랜 시간이 걸렸고 그 사이 선물의 주인공인 예카테리나 여제는

로얄코펜하겐 블루 플루티드&버건디

로얄코펜하겐하겐 플로라 다니카

문양으로해체하여본광고그래피

1796년에 사망했다. 12년간 모두 1802개의 디너 세트가 완성되었고 최초로 생산했던 플로라 다니카는 현재까지 1500여 세트가 남아 덴마크 왕실에서 공식적으로 사용하고 있다고 한다.

한번은 플로라 다니카 전시회 겸 시연회에 초청돼 덴마크 왕립 자기 공장의 장인이 작업하는 모습을 직접 목격한 적이 있다. 식물도감의 식물 세밀화처럼 그림이 매우 정교하고 디테일해서 접시 한 개를 완성하는 데 몇 명의 작가가 공동으로 작업하며 기간도 몇 달이 걸린다고 한다. 그래서 플로라 다니카 그릇의 바닥 면에는 보통 세 개의 서명이 있는데, 로얄코펜하겐 백 마크, 꽃을 그린 작가의 사인, 골드 컬러 페인터의 사인으로 구성된다. 최고의 정성이 들어간 만큼 가격도 비싸고 주문 후 6개월 정도 기다려야 받을 수 있는 제품이기도 하다. 최근에는 생산량이 눈에 띄게 늘어나면서 과거만큼 희소가치가 없긴 하지만 로얄코펜하겐을 좋아한다면 하나쯤 소장하고 싶은 아이템인 것은 확실하다. 흥미로운 사실은 로얄코펜하겐이 피스카스 그룹에 매각된 이후 모든 공장이 태국으로 이전했으나 플로라 다니카 라인만은 덴마크 현지에서 만든다고 한다.

❖ 여백의 미가 돋보이는, 블루 플라워 앵귤러 Blue Flower Angular

블루 플루티드가 그릇을 가득 채운 잔무늬가 매력적이라면, 블루 플라워는 생동감 넘치는 파란색 꽃과 이와 대조되는 하얀색 여백이 매우 인상적인 그릇이다. 그릇 자체도 예쁘지만 한식, 양식 상관없이 어떤 음식을 담아도 잘 어울려서 개인적으로 가장 선호하는 로얄코펜하겐 라인이기도 하다. 1779년부터 제작된 블루 플라워는 그릇의 형태에 따라 세분화되어 있다. 우아한 물결무늬 디테일이 있는 커브드Curved, 커브드 형태에 가장자리 쪽으로 골드 트림trim이 되어 있는 커브드 골드Curved Gold, 라탄을 꼬아 만든 듯한 디테일이 있는 브레이디드Braided, 각진 형태의 앵귤러Anglular 이렇게 네 가지인데, 현재는 단종되어 빈티지 또는 앤티크로만 만나볼 수 있다. 하지만 2019년에 블루 플라워 시리즈를 재해석한 블롬스트Blomst 라인이 출시되어 판매 중이기 때문에 너무 아쉬워할 필요는 없다. 내가 보유 중인 앵귤러는 커브드 라인과 확실히 다른 다각형 형태를 가졌다. 전사지가 아닌 핸드 페인팅의 묘미는 고온에서 구운 후 나타나는 색채의 농도와 색 퍼짐이 아닐까 싶다. 앵귤러 특유의 각진 형태도 매혹적이지만 강렬하면서도 자연스러운 블루 플라워 패턴을 보고 있으면 마음이 차분해지고 편안해지는 것을 느낀다. 그리고 흔치 않은 앵귤러 라인보다 더 귀한 커브드 골드 라인의 부용 컵. 부용bouillon은 맑게 우려낸 육수라는 뜻이며, 부용 컵은 양쪽에 손잡이가 있는 컵을 말한다. 서양에서 수분이 많은 채소 수프나 스튜를 담았을 것으로 생각되는데 이렇게 뚜껑까지 있는 부용 컵은 굉장히 보기 어렵다. 브랜드 인지도가 워낙 높아 로얄코펜하겐 그릇이 비교적 흔한 것 같지만 알면 알수록 우리가 모르는 아이템이 참 많다. 그릇을 수집하면 할수록 앞으로 수집해야 할 그릇 목록이 늘어나는 이유이기도 하다.

로얄코펜하겐 블루 플라워 앵귤러

✥ 엘레강스 스타일의 표본, 팬 서비스 골드 Fan Service Gold 414

컬렉터라면 누구나 공감하겠지만 희귀한 아이템을 만나면 눈이 반짝반짝 빛나고 다량의 카페인을 섭취한 듯 혈압이 마구 상승하는 듯한 느낌이 든다. 마치 좋아하는 사람과의 데이트를 앞두고 입안에 침이 마르고 가슴이 콩닥콩닥 뛰는 것과도 비슷하다. 코발트 컬러 일색인 로얄코펜하겐 제품만 보다가 팬 서비스 골드를 처음 봤을 때 내 기분이 딱 그랬다. 팬 서비스는 로얄코펜하겐의 전설적인 작가 중 한 명인 아놀드 크록Arnold Krog이 디자인한 그릇으로 화이트, 블루, 골드 세 가지로 출시되었으며 그중 골드가 가장 상위 버전이다. 팬 서비스 골드는 그릇마다 3cm 정도 되는 두꺼운 골드 라인이 둘러져 있고, 커피포트와 찻잔의 손잡이에는 골드 리스가 장식되어 있어 그야말로 부티가 줄줄 흐른다. 다만 이러한 골드 포인트는 무광 처리되어 '블링블링' 느낌보다는 차분하고 은은한 럭셔리에 가깝다. 굳이 흠을 찾자면 전체 그릇 볼륨에 비해 손잡이가 너무 작다는 것. 유럽 차 문화에서는 찻잔을 잡을 때 손가락을 손잡이에 걸지 않고 엄지와 검지를 이용해 살짝 잡는 것이 올바른 에티켓이다. 누구나 총을 가질 수 있었던 시절에 찻잔 손잡이에 손가락을 거는 것이 마치 옆 사람에게 총을 겨누는 것처럼 보여서 이와 같은 문화가 생겼다고 한다. 백 마크를 보면 1969년에 생산된 것이며 리스 장식으로 추측하건대 크리스마스 디너용으로 출시된 것이 아닐까 싶다. 패턴명을 들으면 고객들을 위한 서비스 차원에서 제작한 그릇처럼 여겨지기도 하나 서비스service는 독일어로 식기 세트라는 의미이다. '팬 서비스'이건 '팬 식기 세트'이건 나 같은 그릇쟁이들에게 선물인 것만은 확실하다.

✥ 로얄코펜하겐의 아이덴티티를 가진, 빙앤그렌달 Bing & Grøndahl

로얄코펜하겐을 좋아한다면 한 번쯤 들어봤을 법한 빙앤그렌달은 별도의 회사로 시작했다가 1981년 로얄코펜하겐에 합병됐다. 그래서 지금은 브랜드가 아닌 로얄코펜하겐의 라인처럼 인식되기도 한다. 조금 더 깊이 들여다보면 로얄코펜하겐의 전신인 덴마크 왕립 자기 공장의 조각가였던 프레데릭 빌헬름 그렌달Frederik Vilhelm Grøndahl이 미술품 및 서적 상인이었던 메이어 허만 빙Meyer Hermann Bing과 제이콥 허만 빙Jacob Herman Bing 형제와 함께 만든 브랜드가 빙앤그렌달이기 때문에 결국 그 정체성은 같다고 할 수 있다.

나의 수집품 중 가장 많은 부분을 차지하는 빙앤그렌달의 블루 시걸Blue Seagull은 모델명에서 짐작할 수 있듯이 어디론가 날아가려 날갯짓하는 갈매기가 등장하는 푸른 바탕의 그릇이다. 1892년 파니 가드Fanny Garde에 의해 탄생한 빙앤그렌달의 시그니처 디자인으로, 독특하게 그러데이션 기법을 사용해 더욱 은은하고 고급스러워 보인다. 그러데이션 페인팅은 빙앤그렌달의 특별한 채색 기법인데 붓질로 명도와 채도를 표현해 조금 더 디테일한 색 표현이 가능하다.

한편 빙앤그렌달의 또 다른 걸작으로 불리는 크리스마스 플레이트 시리즈는 1895년에 처음 탄생했다. 흥미로운 점은 작품의 희소성을 위해 플레이트 몰드는 해당 해에만 사용한 후 바로 폐기했다는 것. 이러한 마케팅 덕분이었는지 빙앤그렌달의 크리스마스 플레이트는 대히트를 쳤고 20년이 지난 후 로얄코펜하겐에서도 이어year 플레이트를 생산하기 시작했다. 빙앤그렌달과 로얄코펜하겐의 크리스마스 플레이트를 모두 갖고 있는데 전반적인 무드는 같지만 디테일이 달라 비교해 보는 재미도 있다.

✜ 겨울에 피는 꽃, 빙앤그렌달 크리스마스 로즈 Christmas Rose

"눈이 부시게 푸르른 날은 그리운 사람을 그리워하자"는 미당 서정주의 시를 노래한 가수 송창식의 목소리가 절로 생각나는 쨍한 파란색이 돋보이는 그릇이다. 제품명이면서 패턴의 주인공인 크리스마스 로즈는 헬레보루스helleborus라고도 불리며 눈 속에서도 꽃을 피워 '눈장미' 또는 '겨울장미' 등의 애칭을 갖고 있다. 식물의 줄기와 잎은 로얄코펜하겐의 시그니처 컬러인 코발트블루로, 꽃잎은 입체감 있는 화이트 컬러로 표현했고 배경은 빙앤그렌달만의 그러데이션 채색 기법을 사용했다. 꽃만 봤을 때는 한없이 아름답고 연약해 보이지만 혹독한 추위에도 언 땅을 뚫고 나올 정도로 강인한 생명력을 지닌 '외유내강'의 크리스마스 로즈를 로얄코펜하겐 스타일로 잘 해석했다는 생각이 든다. 청량한 컬러 때문인지 여름에 주로 애용하는 그릇인데 블루 컬러의 다른 라인 제품과 믹스 앤 매치 해도 잘 어우러진다.

로얄코펜하겐 펜 서비스 골드

❖ 재미있는 그릇들, 로얄코펜하겐 이형 접시

유례 없던 코로나19 팬데믹 시절, 직접 해외에 나갈 수 없으니 안전하게 집에 머물며
무수히 많은 해외 경매 사이트를 유랑했었다. 그때 발견한 것이 게, 가재, 새, 물고기
등의 생물을 입체감 있게 표현한 로얄코펜하겐 이형 접시다. 그 전에는 국내에서 한 번도
본 적이 없는 매우 독특한 형태의 접시로 러시아에 살고 있는 한 셀러가 팔려고 내놓은
것을 내가 냉큼 담았다. 코로나19 바이러스의 영향으로 한 3개월 정도 러시아 공항에서
머물렀다가 드디어 내 품안으로 들어온 날, 얼마나 기뻤는지 모른다.

테이블 세팅할 때 종종 오브제로 활용하는 위트 가득한 이 그릇들은 덴마크
왕립미술원에서 교육 받은 후 1986년부터 40년간 로얄코펜하겐에서 독보적인 디자이너로
활동한 에릭 닐슨Erick Nielsen이 디자인했다. 물가에 앉아 있는 세 마리의 새 중에 두 마리는
사랑을 속삭이고 나머지 한 마리는 물을 먹고 있는 새 접시가 있는가 하면, 물고기 접시는
물속의 친구와 대화하는 듯한 모습을 실감나게 표현했다. 접시마다 각기 다른 스토리를
품고 있으며 작가의 디테일한 표현력에 상상력이 마구마구 자극될 것 같은 그릇이다.

로얄코펜하겐 피겨린에서 많이 볼 수 있는 오버글레이즈overglaze 기법(도자기를 만들 때 두
번째 칠하는 유약, 상회칠)을 사용해 그릇들이 하나같이 반짝반짝 빛나고 접시마다 사이즈가
제각각인 것도 재미 요소 중 하나이다. 보관할 때 포개 놓을 수 없어 여간 애 먹는 것이
아니지만 그릇을 보면 마음이 흐뭇해져서 그냥 웃는다.

Denmark

빙그레덴마크 크리스마스로즈

(좌) 로얄코펜하겐 크리스마스 플레이트 뒷 마크
(우) 빙엔그렌달 크리스마스 플레이트 뒷 마크

AUSTRIA

5

오스트리아 여제가 만든 도자기
로열 비엔나 Royal Vienna

유럽 두 번째 도자기의 탄생

유럽 도자기를 모으다 보면 어디서 많이 봤는데 싶은 패턴이 왕왕 있다. A사의 제품이라고
확신했는데 B사의 것일 때도 있고, 그릇을 뒤집어 보면 어쩌다 처음 보는 브랜드의
백 마크를 발견하기도 한다. 이유는 간단하다. 유럽 도자기의 출발점, 마이센의 영향
때문이다. 마이센의 독자적인 기술과 기술자들이 외부로 유출되면서 세계 각국의 디자인과
패턴에 영향을 주었을 뿐만 아니라 새로운 브랜드를 탄생시키기도 했다. 유럽에서 두
번째로 도자기 제작에 성공한 오스트리아의 로열 비엔나의 전신, 아우가르텐 도자기 공장
역시 마이센 출신의 기술자에 의해 시작되었다.

1719년 오스트리아 빈Wien(비엔나Vienna는 빈의 영어 이름) 황실 관리인이었던 클로드 뒤
파키에Claude du Paquier는 마이센의 도자기 기술자들을 빼내 빈 근교에 도자기 공방을
열었다. 같은 해에 마이센에서 도망친 요한 프리드리히 뵈트거의 조수 사무엘 슈티첼Samuel
Stolze이 합류하면서 본격적으로 도자기를 생산하게 된다. 신성 로마 제국의 황제 겸
오스트리아 대공 카를 6세Karl VI가 파키에에게 오스트리아의 도자기 전매권을 줄 정도로
전폭적으로 지지했지만 공방은 큰 수익을 내지 못했고 슈티첼은 기대했던 만큼의 대접을
받지 못하자 오스트리아를 떠나 다시 마이센으로 복귀했다. 이때 자신이 마이센을 배신한
것이 아님을 증명하기 위해 로열 비엔나에서 함께 일했던 젊은 화공을 데려갔는데, 그가
바로 마이센의 두 번째 전성기를 이끌었던 요한 그레고르 헤롤드Johann Gregorius Höroldt다.
헤롤드는 마이센의 새로운 채색 기술인 오버글레이즈overglaze 기법을 이용해 쯔비벨무스터
같은 도자기사에 길이 남을 패턴을 만들며 궁정 화가라는 칭호까지 얻은 인물이다.

마리아 테레지아의 로열 비엔나

기술자들의 이탈 등 갖은 악재에도 불구하고 파키에는 도자기 공방을 살리고자
고군분투했지만 고전을 면치 못했다. 그 결과 1744년 마리 앙투아네트의 어머니로 잘
알려진, 황제 카를 6세의 장녀 마리아 테레지아Maria Theresia 여제에게 운영권을 넘길
수밖에 없었다. 마리아 테레지아 여제는 당시 유행했던 로코코 양식을 받아들임과 동시에
로열 비엔나만의 차별화된 패턴을 원했다. 그는 아우가르텐 도자기의 클래식 작품인
장미를 핑크가 아닌 그린 컬러를 사용하도록 했다. 마리아 테레지아의 푸른 장미 시리즈는
이때 탄생한 것. 당시 마리아 테레지아 여제는 헝가리와 보헤미아의 여왕을 겸하기도
했는데, 시간이 지난 후에 로열 비엔나에서 도자기 제작 과정을 배운 슈팅글 빈체Stingl
Vince가 헝가리 도자기 브랜드 헤렌드를 만들게 된다. 유럽 도자기는 알면 알수록 태어난
순서, 타고난 기질, 환경에 따라 각각 다른 캐릭터를 갖고 있지만 결국 부모는 같구나 싶다.
로열 비엔나의 백 마크인 방패 모양은 마리아 테레지아 여제가 인수한 후부터 사용했고
그 전에는 백 마크가 없었던 것으로 짐작된다. 1864년 로열 비엔나는 문을 닫았고
60여 년이 지난 후인 1924년 지금의 아우가르텐 궁전에서 비엔나 도자기 아우가르텐
공장(Vienna Porcelain Manufactory Augarten)이라는 이름으로 다시 문을 열었다. 현재
홈페이지(www.augarten.com) 접속도 가능하고 비엔나 로즈, 마리아 테레지아 라인도
판매 중이다. 내가 보유 중인 유일한 로열 비엔나 제품은 푸른 장미 에스프레소잔으로
오스트리아 궁정 오케스트라 단원에게 선물 받은 것이다.

어쩐 일인지 로열 비엔나의 도자기는 내게는 늘 멀게 느껴지는 그릇 중 하나였다. 구하기도
쉽지 않았지만 아마도 쓸 수 있는 그릇(디너 세트나 찻잔 같은)의 라인이 비엔나 로즈나
마리아 테레지아 정도였기 때문인 것 같다. 그리고 나머지는 장식품 도자기인데 가격이
범상치 않으니 쉽게 다가갈 수 없지 않겠는가. 유럽에서 두 번째로 도자기 생산에 성공한
로열 비엔나. 자국민들뿐만 아니라 유럽 각국의 왕가나 귀족들, 그리고 현대에 와서는 전
세계 수집가들의 그릇장을 채워주고 있으니 언젠가는 내게도 기회가 오지 않을까.

✥ 실패를 통해 배우다, 로열 비엔나 스타일Royal Vienna Style

복제품에 속지 않는 가장 좋은 방법은 백 마크를 확인하는 것이다. 하지만 마이센처럼 오랜 기간 동안 같은 백 마크를 가진 브랜드는 거의 없기 때문에 그 수많은 백 마크를 모두 외우기란 결코 쉽지 않다. 으레 사장이 바뀌면 기업의 사명 또는 CI가 바뀌는 것처럼 유럽의 수많은 도자기 공장 역시 소유주에 따라 백 마크가 자주 변모했기 때문이다. 완벽주의 성향으로 실수하는 일이 드물기는 하나 나 역시 앤티크 그릇 수집 초장기에는 카피 제품인지 모르고 그릇을 구입한 적이 있었다. 그중 하나가 바로 로열 비엔나 스타일 제품이다.

로열 비엔나는 카피 제품이 워낙 많기 때문에 아예 '로열 비엔나 스타일'이라고 칭한다. 1864년 로열 비엔나가 공식적으로 도자기 생산을 중단하면서 오스트리아뿐만 아니라 독일 등 유럽 전역의 수많은 도자기 회사에서 복제품을 생산하기 시작했다. 특히 로열 비엔나 하면 제일 먼저 떠오르는, 연인을 주제로 한 명화 패턴은 수많은 로열 비엔나 스타일을 양산했다. 정확히 말하면 로열 비엔나 스타일은 복제품으로 시작하긴 했으나 결과적으로 하나의 '스타일'을 만들었기 때문에 더 이상 복제품이 아닌 것이다. 내가 구입한 로열 비엔나 스타일의 명화 패턴 티 세트는 'STW 바바리아 포슬린' 제품으로 독일 바바리아 포슬린 중 하나라고 생각했다. 직접 받아보니 유난히 쨍한 금장식과 또렷한 연인 그림이 영 앤티크 제품처럼 느껴지지 않았다. 의문을 품고 백 마크를 파고드니 독일 바바리아가 아닌 미국에서 만든 바바리아 가품이었다. 오리지널 브랜드는 'JKW Bavaria Western Germany'이며, 1930년 조셉 쿠바Josef Kuba라는 사람이 체코에 설립한 회사로 후에 독일 바바리아 지역에 정착한 후 1972년까지 주로 올드 비엔나 스타일의 연인 그림 제품을 생산했다. 직접 도자기를 생산하는 곳은 아니었고 다른 도자기 공장에서 백색 도자기를 구매해 채색한 후 판매하는 회사였다. 내가 구입한 STW 바바리아 포슬린은 바로 JKW 바바리아 카피 제품이며, 미국 세인트 루이스에 위치한 회사임을 확인했다.

앞서 설명한 것처럼 마리아 테레지아 여제가 로열 비엔나의 운영을 맡기 전에는 백 마크 없이 제품을 생산하던 시절도 있었다. 그러나 그런 제품은 내 손이 아닌 박물관에 있어야 더 온당할 것이다. '나 카피예요.' 하고 판매되는 제품은 그릇뿐만 아니라 어떤 마켓에서도 찾아보기 어렵다. 그저 우리가 할 수 있는 일은 더 조심하고 더 많이 공부하는 것이다. 이렇게 한 번씩 비싼 수업료를 치르면 허탈하기도 하지만 보는 눈이 더 커지는 것 같아 위안을 삼아본다.

도록영화니

HUNGARY

6

헝가리의 소도시, 명품 도자기의 대명사가 되다
헤렌드 Herend

마이센보다 116년 늦게 출발한 헤렌드

누군가 세계 3대 도자기를 꼽으라고 하면 나는 주저 없이 독일의 마이센, 덴마크의
로얄코펜하겐과 더불어 헝가리의 헤렌드를 이야기한다. 헝가리의 근대사를 함께한
헤렌드의 제품은 식기로 사용할 수 있을 정도로 디자인이 간결하면서도 충분히 우아하다.
패턴과 컬러가 너무 화려하면 음식이 돋보이기 힘든데 헤렌드의 주요 패턴인 꽃과 나비
그리고 골드 라인은 적당히 화려하면서 격조 있어 음식을 담을 때도 그릇장을 장식할 때도
모두 만족스럽다. 1900년대부터 생산된 패턴의 그릇을 현대 식탁에서 이물감 없이 사용할
수 있다는 것 자체가 얼마나 매력적인가.

헤렌드는 헝가리의 소도시 이름이기도 하다. 1826년 헝가리의 수도인 부다페스트에서
남서쪽으로 120km 정도 떨어진 전원도시에 슈틴글 빈체Stingl Vince(1796~1848년)가 도자기
제조 공장을 세우면서 헤렌드 도자기의 역사가 시작됐다. 사업 시작 10년 만에 자금난으로
파산하고 슈틴글 빈체의 채권자인 모르 피셔Mór Fischer가 공장을 인수해 예술적인 요소를
가미한 자가 제조에 힘쓰면서 귀족들의 주목을 받기 시작했다. 당시는 체코를 중심으로
중저가의 값싼 도자기가 많이 생산되고 있었으나 모르 피셔는 실용적인 자기보다는
마이센, 세브르, 로열 비엔나 등 예술성이 뛰어난 명품 도자기 회사의 단종된 유명 모델의
패턴을 모방해 제품을 생산했다. 이러한 그의 비즈니스 전략은 유럽 각국의 귀족과 재벌의
탐욕을 채우며 인기를 끌었다. 여기에 예술성까지 갖춰 1845년 비엔나 전시회, 1851년
런던 만국 박람회, 1853년 뉴욕 세계 박람회, 1855년 파리 만국 박람회에서 찬사를 받으며
창업 30년 만에 최고 도자기 브랜드 반열에 오르게 된다.

헝가리를 넘어 유럽의 자존심이 되다

나비와 꽃무늬의 중국풍 테이블웨어(이후 퀸빅토리아로 불린다)가 영국 왕실 식탁에 오르게 된 것을 시작으로 오스트리아 왕실, 프랑스 나폴레옹 3세의 부인 외제니 드 몽티조Eugénie de Montijo 황후, 러시아 알렉산드르 1세Aleksandr I, 멕시코 초대 황제 막시밀리안Maximilian 등이 헤렌드의 주요 고객이 되었고 세계적인 거부 로스차일드Rothschild 가문에도 도자기를 공급하며 명실상부 유럽 최고의 도자기 브랜드로 우뚝 서게 된다. 헤렌드가 승승장구한 데에는 작명이 한몫했다. 퀸빅토리아 외에 로스차일드, 아포니, 로열가든 등의 주요 라인은 모두 헤렌드가 당대의 유명 귀족이나 왕실에 납품하면서 이름 붙인 것인데 이들의 삶을 동경하는 소시민들의 심리를 영민하게 간파했다고 생각한다.

1870~1880년대는 경영 악화와 모르 피셔의 은퇴 등으로 힘든 시기를 보내기도 했으나 1896년 손자인 예노 파르카슈하지Jeno Farkasházy가 할아버지의 경영 정신을 되살리고자 노력한 결과 1900년 파리, 1901년 상트페테르부르크 전시회에 출시한 신상품이 그랑프리를 거머쥐며 재기에 성공했다. 두 번의 세계 전쟁을 겪고 헝가리가 공산화됨에 따라 헤렌드 역시 국유화되기도 했으나 1993년 헝가리가 자유화되자 다시 민영화의 길로 들어섰다. 이후 경영진과 직원이 회사 지분의 75%를 소유하게 되면서 지난 2006년부터 다시 이익을 내기 시작했고, 현재는 전 세계 60여 개국에 도자기를 수출하고 있다.

지리적 위치 탓에 굴곡진 역사를 지닐 수밖에 없었던 헝가리처럼 헤렌드도 200여 년의 시간 동안 몇 번이나 존폐의 위기를 겪었으나 그때마다 한 단계씩 성장하며 지금의 명성을 쌓게 됐다. 사실 이런 역사적인 배경이나 스토리와 상관없이 내가 처음 헤렌드를 수집하기 시작한 것은 비교적 구하기 쉽다는 단순한 이유 때문이었다. 그릇쟁이에게 구하기 어려운 그릇은 가슴 두근대는 도전이기도 하지만 그만큼 구하지 못하는 데서 오는 안타까움과 좌절감도 크기 때문. 그런 의미에서 한 라인에서 여러 컬러를 출시하는 헤렌드는 수집 욕구를 충족시키기에 충분했다. 그리고 헤렌드의 그릇이 하나씩 늘어갈 때마다 느꼈던 독특한 컬러와 라인에 따른 패턴의 변주 역시 헤렌드 그릇의 컬렉팅 욕구를 더욱 불러일으켰다. 주요 라인을 보면서 조금 더 자세하게 들여다보자.

✤ 영국 빅토리아 여왕의 그릇, 퀸빅토리아 Queen Victoria

헝가리의 작은 도자기 회사가 세계적인 명품 도자기 브랜드로 거듭날 수 있었던 전환점이
바로 이 빅토리아 시리즈이다. 헤렌드는 화려한 꽃과 나비 패턴이 들어간 중국풍의
테이블웨어를 1851년 런던에서 열린 만국 박람회에 출품해 그랑프리를 수상하며
빅토리아 여왕의 마음을 사로잡았다. 윈저성에서 열린 만찬 테이블에 오른 이 그릇은
'퀸빅토리아'로 불리며 헤렌드 최고의 클래식으로 자리 잡게 된다. 이후 퀸빅토리아
라인은 조금씩 패턴의 변화를 시도하며 업그레이드되어 출시됐다. 테두리 라인이 다른
것, 그릇 바탕의 컬러가 다른 것 등 지금까지 30여 가지의 번호가 다른 패턴이 출시됐으며
헤렌드의 대표적인 모델로 여전히 사랑받고 있다. 빅토리아 여왕 시절 이후에도 헤렌드와
영국 왕실의 인연은 계속 이어졌는데, 지난 2011년에는 윌리엄 왕자의 결혼식에 맞춰
퀸빅토리아의 2011년 버전 '로열가든'을 선보였다. 헤렌드가 비즈니스를 정말 잘하는
회사라는 생각이 드는 대목이기도 하다.

백색의 도자기에 꽃, 나비, 새싹, 꽃봉오리가 있고 테두리에 녹색과 골드가 새겨진
퀸빅토리아 라인은 중국 청나라의 화려한 분채에서 볼 수 있는 디자인을 적용했다. 특히
뚜껑이나 손잡이 부분에 새가 조각된 '버드 리드Bird Lid' 제품을 좋아하는데 버드 리드의
이형 접시는 예쁘면서 쓰임새도 좋다. 퀸빅토리아의 튜린tureen(큰 그릇)은 토종 닭 두
마리는 너끈히 넣을 수 있을 정도로 넉넉한 사이즈로 샐러드나 삼계탕 등과 같이 양이 많은
음식을 한번에 내놓을 때 유용하다. 초콜릿 포트, 워터 포트 등의 포트 종류는 손잡이가
매우 독특하고, 받침이 붙어 있는 슈거볼은 스푼이 세트로 구성되어 있는 등 특이한 형태가
많다. 퀸빅토리아 라인의 그릇을 하나씩 보고 있으면 개성 있는 디자인과 오묘한 색채에
감탄사가 절로 나오는데 헤렌드 홈페이지(www.heren.com)를 방문하면 도자기 성형부터
페인팅까지 수작업으로 하나하나 완성하는 과정을 확인할 수 있다. 여전히 영국 왕실의
신뢰를 받고 있는 퀸빅토리아 라인, 화려하지만 결코 가볍지 않고 간결하면서 우아함을
잃지 않는 헤렌드의 기품에 찬사를 보낸다.

✤ 가문의 명예를 지켜준 그릇, 로스차일드 Rothschild

원래 이 그릇의 풀네임은 로스차일드 와조Rothschild Oiseaux로, 와조는 프랑스어로 '새'라는

헤렌드 쿤비토리아

헤렌드 로열가든

뜻을 가진 와조oiseau의 복수형이다. 직역하면 '로스차일드 새들'인데 어떤 이야기가 숨어 있는 것일까? 아니나 다를까, 해당 모델의 그릇에는 모두 새가 등장한다. 그릇마다 새의 위치나 크기, 색상이 조금씩 다르기는 하지만 새 두 마리가 나뭇가지에 걸린 목걸이를 바라보고 있는 것은 동일하다. 이 그림의 기원은 독일계 유대인으로 세계 최고의 부자 가문인 로스차일드의 일화에서 시작된다. 한번은 로스차일드 가문에서 빅토리아 여왕을 초대했는데 그만 여왕의 목걸이가 분실되는 일이 발생했다. 다행히 목걸이는 찾았지만 분실됐다는 사실 자체가 가문의 불명예로 남을까 봐 찾은 목걸이를 새가 물어 간 것처럼 나뭇가지에 걸어 놓았다고 한다. 후에 로스차일드 가문이 헤렌드를 후원하면서 1860년대부터 이 테마를 모티브로 만든 것이 바로 이 로스차일드 패턴이다.

개인적으로 새 패턴이 들어간 그릇을 좋아한다. 새가 진주 목걸이를 물어서 나무에 걸어 놓았다는 식의 흥미로운 스토리도 좋아해서 헤렌드 제품 중에서 처음 모으기 시작한 것이 바로 이 로스차일드 모델이다. 로스차일드 라인은 퀸빅토리아와는 또 다른 매력을 가지고 있는데 조금 더 은은하고 침착한 느낌이랄까. 로스차일드의 데미타스잔은 모카잔보다 조금 큰 사이즈로 차를 마실 때 사용해도 좋다. 또한 나뭇잎 모양의 접시는 디자인 자체가 마음에 들어 즐겨 사용한다. 일반적인 식기 외에도 여러 디자인의 펜통과 팔각 그릇 등 장식적인 요소가 들어간 그릇이 유독 많은데, 로스차일드 가문의 광활한 테이블을 식기 세트만으로는 다 채울 수 없으니 이처럼 여러 장식용 도자기를 만든 것은 아닌가 추측해 본다.

⁜ 컬렉터의 욕구를 충족시켜 주는 그릇, 아포니 Apponyi

아포니 시리즈는 시그니처 컬러인 그린, 핑크를 비롯해 2000년대 이후에 출시된 블루, 터콰이즈turquoise(청록색) 등의 컬러를 모두 합하면 무려 20여 가지나 된다. 초창기에 출시된 컬러가 지금까지 나오기도 하고 새로운 컬러가 계속해서 조금씩 추가되고 있다. 그만큼 양이 많고 비교적 구하기 쉬워 그릇쟁이들에겐 최고의 아이템이기도 하다. 나 역시 처음에는 패턴 북을 보며 컬러를 하나씩 늘리다가 거의 모든 컬러를 다 모은 지금은 4인조에서 8인조로 개수를 늘리는 중이다.

헬렌드 아포니

짐작했겠지만 아포니 역시 가문의 이름이다. 1930년대에 헝가리의 유명 귀족이자 정치인이었던 알베르트 아포니Albert Apponyi 백작이 귀빈을 대접하기 위해 헤렌드에 새로운 디너 세트를 주문했는데 시간적인 여유 없이 급하게 주문한 탓에 헤렌드의 전통 문양인 '인도의 꽃바구니(Indian basket)'를 단순화해 만든 것이 지금의 아포니 패턴이다. 조금 더 깊게 들어가면 1840년대 탄생한 헤렌드의 최장수 패턴인 인도의 꽃바구니는 마이센의 인디언 패턴에서 강하게 영향을 받았고, 마이센의 인디언 패턴은 일본의 가키에몬 도자기에서 기인한 것으로 알려져 있다. 아시아와 유럽에서는 일반적으로 '아포니'로 통용되지만 영어권 국가에서는 '차이니스 부케Chinese Bouquet' 또는 '아포니 차이니스 부케'로 부른다.

즉흥적으로 탄생했으나 헤렌드의 베스트셀러 겸 스테디셀러 패턴이 된 아포니 시리즈는 꽃잎을 형상화한 사랑스러운 디자인과 화려한 색감을 자랑한다. 헤렌드의 입문용으로 아포니 그린과 핑크를 가장 많이 선택하는데, 대개 디너 세트가 완성되면 워머 같은 특별한 아이템에 눈길을 돌리기 마련이다. 아포니 그린의 워머는 티포트와 함께 놓으면 테이블에서 존재감을 과시하면서도 티타임 내내 따뜻한 차를 즐길 수 있게 하는 유용한 아이템이다. 비교적 난방 시설이 잘 갖춰진 우리나라 사람들에게 워머는 낯선 아이템이지만 늘 춥고 서늘한 유럽에서는 차가 금방 식는 것을 방지하기 위해 워머를 애용했다. 워머에 초 하나 켜고 그 위에 티포트를 올려서 바라보고 있으면 '불멍'도 되고 '그릇멍'도 되어 마음이 편안해지는 것을 느낄 수 있다.

컬렉터에게 완벽하게 만족하는 순간이 찾아오긴 할까? 아포니 그린과 핑크가 손안에 들어오자 이번에는 블루 컬러가 눈앞에 아른거렸다. 그때 눈에 든 것이 '터콰이즈 플래티넘Turquoise Platinum'으로 지인을 통해 일본 오사카의 명품 그릇 편집 숍인 르 노블Le Noble에서 구입했다. 오사카와 도쿄에 오프라인 매장이 있는 르 노블은 자체적으로 병행 수입하기 때문에 비교적 저렴한 가격에 그릇을 판매하고 있어 나도 종종 이용하는 편이다. 그릇의 테두리가 골드인 그린이나 핑크 아포니와 달리 터콰이즈 컬러는 백금으로 되어 있어 더 고급스럽게 느껴졌다. 재미있는 점은 그릇을 뒤집지 않고서야 알 수 없는 슈거볼의 바닥 부분까지 정교하게 조각이 돼 있고 꼼꼼하게 채색돼 있다는 것. 보이지 않는 곳에까지 정성스레 붓칠을 하는 도공들의 마음을 헤아리니 헤렌드라는 브랜드가 더욱 좋아진다.

∴ 그릇쟁이의 자부심, 헤렌드의 티포트 모음

헤렌드 아포니 라인 중에서도 구하기 어렵다는 라일락 컬러를 2년 정도 걸려서 드디어 손에 넣게 되었다. 라일락 티포트의 우아한 자태를 감상하다가 다른 티포트를 하나씩 꺼내다 보니 헤렌드 티포트만 족히 15개는 된다. 그럼에도 티포트의 크기가 들쭉날쭉, 제각각이라 더 재미있게 느껴진다. 헤렌드 티포트의 용량은 1800ml, 1250ml, 800ml, 400ml 이렇게 네 가지로 나뉜다. 평소 '혼자만의 티타임'을 즐긴다면 400ml가 알맞으나 개인적으로 선호하는 사이즈는 800ml이다. 티잔 하나당 대개 120~140ml 정도의 차를 따르는데 800ml 티포트는 서너 명이 차를 마시기 좋은 사이즈이기 때문. 가장 큰 사이즈인 1800ml 티포트는 무거워서 두 손으로 잡고 차를 따라야 한다. 닮은 듯 다른 듯, 하나의 도자기 회사에서 어쩜 이렇게 다양한 패턴을 내놓을 수 있는지 그저 놀라울 따름이다. 이러니 나와 같은 그릇쟁이들에게 그릇 컬렉팅은 늘 현재 진행형일 수밖에 없다.

그릇 컬렉터의 일과는 대개 이렇다. 마음에 드는 그릇을 찜하고, 찜한 것은 수단과 방법을 가리지 않고 찾아 종국에는 손에 넣는다. 그리고 다시 새로운 그릇을 찾아 헤매는 과정을 무한 반복한다. 쾌감을 느끼게 하는 도파민이 그릇에서 분비라도 되는 양 그릇을 보고 찾고 소유하는 과정이 즐겁기만 하다. 미국 최대 앤티크 그릇 매장인 리플레이스먼트의 온라인 홈페이지를 제집 드나들듯이 자주 방문한다. 온·오프라인 매장을 모두 운영 중인 리플레이스먼트는 어마어마한 양의 그릇을 보유하고 있기 때문에 새로운 그릇을 찾을 때도, 궁금한 패턴을 익힐 때도, 구하기 힘든 그릇을 구입할 때도 두루 유용하다. 물론 쉽게 구할 수 있는 만큼 가격이 비싼 것은 감안해야 한다. 뭐든 아는 만큼 보이는 법. 그릇도 예외는 아니다. 직구가 목적이 아니더라도 수시로 사이트에 들어가서 원하는 그릇을 검색하다 보면 자연스럽게 더 많은 브랜드와 패턴을 알게 될 것이다.

Hungary

헤렌드 이형 접시 앞면

FRANCE

7

프랑스의 자존심
세브르 Sèvres

마이센의 아성에 도전하는 세브르

유럽 경질 자기의 역사는 중국 청화 백자를 모방하면서 시작됐기에 푸른색을 좋아하는 내가 앤티크 그릇 수집가가 된 것은 필연이 아닐까 싶다. 내가 좋아하는 컬러인 블루, 그중에서도 짙은 물빛의 푸른색, 바로 터키블루를 가장 좋아하는데 이는 세브르 하면 가장 먼저 생각나는 블루 셀레스트bleu celeste와 궤를 같이한다. 세브르 그릇은 나의 워너비 컬러 그 자체이므로 수집 리스트의 상단에 늘 자리를 차지하고 있었지만 워낙 고가여서 망설이고 또 망설였던 아이템이기도 하다. 영국, 독일, 프랑스, 오스트리아, 미국 등등 어느 나라 박물관을 가도 눈이 부시게 파란 터키블루의 세브르 그릇은 항상 있었다. 자꾸 보면 질릴까 싶어 파리에서 한 달 살기를 할 때 밥 먹듯이 박물관을 드나들며 세브르 그릇에 눈도장을 찍은 적이 있다. 그런데 질리기는커녕 오히려 갈망이 더 커져 결국 내 그릇장을 채우게 됐다.

1709년 독일 작센 공국 마이센에서 경질 자기를 생산하던 시기에 프랑스 샹티이Chantilly 지방에서는 연질 자기인 파이앙스faïence를 생산하고 있었다. 1740년 루이 15세Louis XV와 그의 정부情婦였던 퐁파두르 부인(Jeanne Antoinette Pisson)의 전폭적인 지원 아래 파리 외곽의 뱅센Vincennes 지역에 도자기 공장을 열면서 세브르의 역사가 시작됐다. 당시 이 제조소의 목적은 마이센에 필적하는 자기를 개발하는 것이었다. 1756년 공장을 세브르 지방으로 옮긴 후 세브르 국립 도자기 제조소(Manufacture nationale de Sèvres)로 이름을 바꿨고, 1768년 리모주Limoges에서 고령토를 발견해 1770년 이후 마침내 경질 자기를 만들어내기 시작했다. 경질 자기 개발이라는 기술적인 부분에서는 마이센보다 50년 이상 뒤처지긴 했지만 당시 유행하던 로코코 양식을 세브르 도자기에 온전히 투영시킨

것을 보면 연질 자기를 이미 사용하고 있던 프랑스가 디자인 부분에서는 어느 나라보다 뛰어났다는 것을 알 수 있다.

세계 3대 도자기로 우뚝 서다

퐁파두르 부인의 미적 감각은 세브르 도자기에 많은 영향을 끼쳤다. 그녀는 특히 당대 유행하던 살롱 문화의 필수 아이템인 실내 장식용 도자기와 만찬용 식기 세트를 만들기 위해 엄청나게 많은 왕실 제정을 쏟아부었다고 한다. 이 시기에 제작된 화병에서 황동 장식을 볼 수 있는데 이는 프랑스 장인들이기에 가능한 요소였다. 같은 시기에 출시된 독일 도자기는 흰색 그릇에 패턴을 새긴 것이 전부였다면, 프랑스 자기는 발굽이나 황동 등의 장식을 더해 한껏 멋을 부렸다. 세브르의 트레이만 보더라도 몰딩 처리한 것처럼 황동 장식이 트레이의 가장자리에 빙 둘러져 있는데 얼마나 멋스러운지 모른다. 이처럼 세브르는 다양하고 화려한 색감, 꽃 장식과 금장을 더한 다채로운 패턴, 유니크한 블루 셀레스트 컬러를 만들어내면서 프랑스를 대표하는 도자기로 우뚝 설 수 있었다.

세브르 도자기에서 가장 많이 볼 수 있는 패턴은 전원田原, 귀족들의 모습, 꽃, 새, 과일 등으로 화가 프랑수아 부셰François Boucher, 조각가 오귀스탱 파주Augustin Pajou 등 18세기 프랑스를 대표하는 로코코 양식의 대가가 대거 참여해 작품을 완성했다. 1800년 나폴레옹은 화학자이자 건축가였던 알렉상드르 브롱니아르트Alexandre Brongniart를 세브르의 감독으로 임명해 47년간 많은 변화를 만들었다. 이 시기에 세브르 공장에서는 화병과 테이블 센터피스와 같은 큰 장식품을 집중적으로 만들었는데 대부분은 외교 선물 용도였다.

한편 오늘날에도 세브르는 프랑스의 정신을 이어가기 위해 도제식으로 장인을 키우고 있으며, 도자기 페인팅을 하는 정식 장인이 되기 위해서는 문화부가 주최하는 시험을 통과해야 한다. 다만 세브르 공식 홈페이지(www.sevrescitaceramique.fr/)가 박물관 형태로 운영되는 것으로 보아 세브르 도자기가 제작된다고 하더라도 판매용은 아닌 것으로 생각된다. 사실상 제작 중단과도 같은 것이기에 가격은 점점 더 높게 형성될 것이고, 설령 돈이 있더라도 점점 더 구하기 힘든 그릇이 될 가능성이 높다. 한번은 '로또 일등에 당첨된다면 아무에게 말하지 않고 그릇을 잔뜩 사야지.' 하고 마음먹은 적이 있다. 그릇장 가득 세브르 그릇으로 채우는 상상도 해보았다. 현실적으로 불가능하기에 더 애틋할 수밖에 없는 세브르. 앤티크 그릇을 수집한 지 30년이 지나니 이러한 감정이 마냥 아쉬움으로 남는 것이 아니라 내 삶의 원동력이자 동반자처럼 느껴진다.

세브르

프랑스 명품 도자기
지앙Given

영국인에 의해 탄생한 프랑스 도자기

50대에 접어들면서 '궁금한 것은 다 해보자.'라는 새로운 목표를 갖게 됐다. 그 목표를
실천하기 위해 한 일이 2017년에 처음 감행했던 '파리에서 혼자 한 달 살아보기'였다.
사업도 가족도 내가 한 달 정도 자리를 비워도 크게 티가 나지 않던 시기였고, 갓 중년에
접어든 여성이 낼 수 있는 가장 큰 용기라고 생각했다. 그렇게 내 인생 후반부의 재충전을
위해 파리에 머물면서 이루고자 한 것은 단 두 가지, 원 없이 그릇 보기와 프랑스 자수
배우기였다. 그때 가장 자주 드나들었던 그릇 가게가 바로 지앙이다. 구매 목적은 아니었고
국내에서 접하기 힘든 제품을 마음껏 볼 수 있으니 열심히 보며 눈과 마음에 새겼었다.
이제 우리 식탁에서도 익숙하게 볼 수 있는 프랑스 도자기 지앙은 어느덧 200년이 넘는
역사를 자랑한다.

프랑스의 지역명이기도 한 지앙은 1821년 영국인인 토머스 홀Thomas Hall에 의해
탄생했다. 그는 지앙으로 이사해 루아르Loire 강둑 근처의 토지와 건물을 매입했는데, 당시
이곳은 교통 허브였으며 점토, 모래 등의 원자재가 풍부해 상업적으로 중요한 요건을
갖춘 도시였다고 한다. 이러한 유리한 조건을 바탕으로 지앙 도자기는 점차 자리를
잡았고 19세기 후반부터 전성기를 맞게 된다. 지앙 도자기는 소속 장인들의 숙련된 기술과
예술성을 바탕으로 루앙Rouen(노르망디의 수도), 작센주, 마르세유Marseille, 르네상스,
오스만 제국, 고대 시대에서 영감은 받은 장식성 작품과 디너 세트를 선보이며 큰 인기를
끌었다. 그러나 20세기 중후반을 거치며 지앙은 유럽의 뒤숭숭한 정치 상황과 여러
포슬린 회사가 벌이는 저가 경쟁에 지쳐 그릇이 아닌 건축물에 들어가는 타일 생산에 더욱
집중하며 인테리어 회사의 면모를 보여주기도 했다.

지앙슈보드병

프랑스인이 사랑하는 명품 도자기

다행스럽게도 19세기 후반에 지앙은 다시 한번 도약한다. 지앙의 박물관이 지어졌고 파코 라반Paco Rabanne, 앙드레 퓌망Andrée Putman, 패트릭 주앙Patrick Jouin 등 세계적인 디자이너들과의 협업으로 참신하고 아름다운 식기를 생산하며 프랑스의 명품으로 인정받게 된다. 지앙은 프랑스인들의 자존심이기도 한 에르메스, 샤넬, 루이비통 등의 럭셔리 브랜드를 하나로 묶는 권위 있는 콜베르 위원회(Colbert Committee)의 회원으로 '리빙 헤리티지 컴퍼니Loving Heritage Company' 라벨을 수상하기도 했다.

지앙의 제품들 중 동물을 모티브로 한 패턴을 종종 볼 수 있는데 2019년 파리에서 한 달간 머물 때 유난히 나의 이목을 집중시켰던 것이 '바람의 말馬'이라는 의미의 슈보 드 벙Chevaux du Ven이었다. 말에게 특별한 애정을 갖고 있는 마린 우스디크Marine Oussedik라는 작가가 디자인한 것으로 우아한 말들이 등장하는 지앙의 고급 라인이다. 가격이 비쌀 뿐 구하기 어려운 제품은 아니기에 기념 삼아 코스터와 냅킨만 구매했고 디너 세트를 사기 위해서라도 머지않아 파리에 한 번 더 와야지 마음먹었다. 하지만 그 후 코로나19 팬데믹으로 하늘길이 막혀 답답하던 차에 생일맞이 백화점 나들이에서 슈보 드 벙 접시와 딱 마주쳤다. 운명은 받아들이는 것이 순리이기에 자연스럽게 6인조 세트를 구매했고 그 덕에 슈보 드 벙 코스터와 냅킨이 드디어 제 위치를 찾을 수 있게 됐다. 패턴이 워낙 강렬해서 어울리는 음식을 매칭하기에는 난도가 최상이긴 하나 특별한 날 그릇 세팅만으로도 존재감을 과시할 수 있다는 장점이 있다. 기념품으로 샀던 냅킨 때문에 일이 조금 커진 느낌이긴 하지만 이 역시 그릇 수집의 매력이 아닐까 싶다.

프랑스 명품 도자기의 고장
리모주Limoges

도자기 산업의 중심이 된 리모주

국영 세브르가 '가까이하기엔 너무 먼' 프랑스 도자기라면, 이와 비슷한 역사와 품질을 자랑하는 리모주는 세브르에 비해 종류가 다양하고 많은 양이 유통되고 있어서 훨씬 더 접근성이 좋다고 할 수 있다. 리모주는 독일의 바바리아처럼 특정 브랜드명이 아닌 지역 명칭으로 프랑스를 대표하는 도자기 생산지이다. 리모주 도자기의 역사는 18세기로 거슬러 올라간다. 당시 유럽의 귀족들 사이에서는 흰색 점토인 '카올린'을 재료로 만든 중국 도자기가 유행하고 있었다. 그러던 중 1768년 리모주 근교의 생 이리에 라 페르셰Saint-Yrieix-La-Perche에서 카올린이 발견되었고 1771년 마시에Massié와 푸르네이라 그렐렛Fourneira Grellet 형제가 최초의 리모주 도자기 공장을 설립했다. 카올린과 장석을 혼합해 높은 온도에서 구운 리모주 도자기는 시간이 지나면 도금이 닳거나 벗겨지는 당시 도자기들과 달리 경도가 강해 소장 가치가 높았다. 또한 당대 유명한 예술가들이 직접 도자기 문양을 디자인하고 채색하면서 예술품으로서의 가치 또한 높아져 유럽 왕족들 사이에서 큰 인기를 끌며 명성을 얻게 됐다.

리모주 도자기 공장은 루이 16세Louis XVI의 동생인 아르투아 백작(comte d'Artois)의 적극적인 후원에 힘입어 성장했고 프랑스 혁명 이후에 많은 사설 공장이 생겨났다. 1850년 후반에 미국에서 판매하던 골동품의 절반이 리모주에서 생산된 제품일 정도로 리모주는 19세기 프랑스 최고의 도자기 산지로 자리매김한 뒤 현재까지 확고한 위치를 유지하고 있다. 1920년대에 들어서 리모주 지역에는 48개의 도자기 회사가 있었는데 대표적인 것이 베르나르도Bernardaud, 하빌랜드Haviland &Co., 로열 리모주Royal Limoges 등이다.

리모주 도자기를 한마디로 표현하라면 '몽환적이다.'라고 말하고 싶다. 물론 회사에 따라

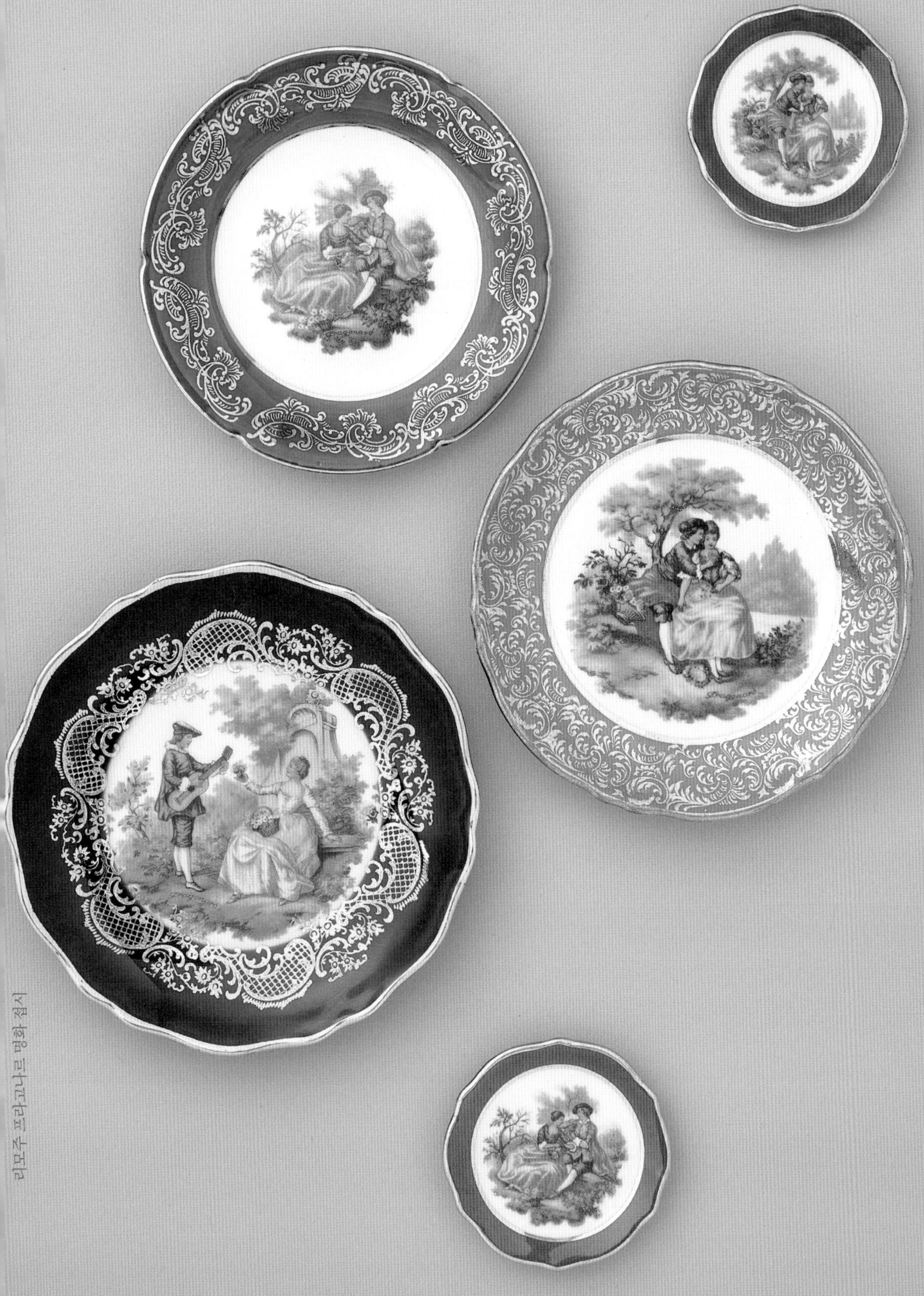

리모주 프라고나르 명화 접시

깔끔하고 똑 떨어지는 패턴의 디자인도 있지만 대체적으로 페인팅이 번진 듯한 느낌이 많다. 각종 장신구를 넣어둘 수 있는 트링켓 박스trinket box가 유독 많이 출시됐다는 것도 특징이다. 전반적으로 어싱적인 느낌이 강한 리모주 도자기가 내 그릇장의 지분을 직게 차지하는 이유는 아마도 명확하고 묵직한 느낌을 선호하는 나의 그릇 취향 때문일 것이다.

⁘ 다채로운 패턴의 대명사, 하빌랜드 Haviland

리모주 지역에서 가장 유명한 도자기 회사였던 하빌랜드는 특이하게 창립자가 미국인이다. 뉴욕에서 영국 도자기를 수입해 판매했던 데이비드 하빌랜드David haviland가 리모주의 뛰어난 도자기 기술에 반해 1842년 이곳으로 이주해 도자기 제조 공장을 설립했다. 이후 1855년 파리 만국 박람회에서 은메달을 수상하며 재능을 입증했고, 1864년 하빌랜드는 프랑스에서 가장 중요한 도자기 제조업체로 우뚝 섰다. 나폴레옹 3세의 부인인 유제니 황후, 자크 시라크 프랑스 대통령, 모나코의 레이니어 왕자, 미국 링컨 대통령 등이 만찬용 그릇으로 하빌랜드를 애용했던 것으로 알려져 있다. 하빌랜드가 리모주를 넘어 프랑스 대표 도자기가 된 데에는 판화가이자 도예가였던 펠릭스 브라크몽Félix Bracquemond의 역할이 컸다. 그는 1872년부터 1881년까지 하빌랜드 예술감독을 역임하며 당대 인상파 화가들과의 친분을 바탕으로 폴 고갱Paul Gauguin, 라울 뒤피Raoul Dufy 같은 아티스트들과 협업을 이끌어냈다.

하빌랜드는 패턴이 많기로도 유명한데 약 3만 개나 된다고 알려져 있다. 흥미로운 점은 알린 슐라이거Arlene Schleiger라는 미국 여성에 의해 1930년대에 4000개의 패턴 번호가 붙여졌다는 것. 그녀는 자신의 어머니가 수집한 하빌랜드 도자기의 리스트를 만들 목적으로 숫자를 붙이기 시작했다고 한다. 실제로 하빌랜드의 패턴이 얼마나 많을지 자못 궁금해지는 대목이다. 도자기의 패턴이 다양할수록 수집가의 수집 욕구를 불러일으키기 마련인데 하빌랜드 특유의 야리야리하고 하늘하늘한 느낌을 비교적 덜 좋아한다는 것이 얼마나 다행인지 모른다.

✢ 가녀린 여인을 닮은, 지로앤필 Giraud&Fils

보호 본능을 일으킬 정도로 가녀린 여성을 연상시키는 독특한 디자인에 반해 품게 된
그릇으로 사이즈도 앙증맞아서 실사용 목적보다는 장식용에 가깝다. 여성적 이미지의
그릇을 선호하지는 않지만 도자기 형태만으로도 충분한 소장 가치가 있어 앤티크 오픈
마켓에서 구입했다. 그릇의 밑면 백 마크를 통해 지로앤필 회사 제품인 것은 확인했는데
리모주 도자기라는 것 외에 관련 정보가 전무하다. 그나마 해외 사이트에는 리모주
지로Giraud 제품은 어쩌다 한 번씩 보이는데 지로는 1836년 리모주에 설립된 도자기
공장 중 하나로 여겨진다. 중간에 인수 합병 등 회사 내의 다양한 변화가 있었던 것으로
추측되며 1989년 조지 메다Georges Medat에 인수된 후 메다드 드 노블라Medard de Noblat라는
이름으로 그릇이 유통되고 있다. 메다드 드 노블라는 현재까지도 프랑스 리모주 지역에서
영업하고 있는 것으로 확인되고 홈페이지(www.amefa.fr) 역시 운영 중이긴 하나 지로앤필
모델 관련 정보는 찾을 수 없었다.

앤티크 그릇을 모으다 보면 세계 각국에서 마켓을 운영하는 셀러들이 새삼 고맙게
느껴진다. 이런 그릇들을 어떻게 알고 찾아냈는지, 그들이 열정적으로 발품을 판 덕분에
나 같은 그릇쟁이들이 편하게 안방에서 이토록 어여쁜 그릇을 감상할 수 있음에 감사할
따름이다.

✢ 내 생애 첫 컬렉션, 프라고나르 명화 접시 Fragonard plate

대학생 때 프랑스 여행 가서 샀던 명화 접시가 돌이켜 생각해 보면 내 첫 번째
컬렉션이었다. 그땐 리모주가 뭔지도 몰랐고 그저 예쁘고 좋아서 친구들이 화장품 사고
옷 살 때 나는 그릇을 샀을 뿐인데 〈그릇 읽어주는 여자〉의 서막이었다니. 독일 바바리아
그릇을 소개할 때도 언급한 적이 있는 프라고나르 디자인은 18세기 프랑스 화가 장오노레
프라고나르Jean-HonoréFragonard가 주로 그렸던 연인 그림을 통칭한다. 그는 프랑수아
부셰François Boucher, 장 앙트안 와토Jean-Antoine Watteau와 함께 로코코 화풍의 작품을 남긴
화가로 그의 그림은 리모주 지역의 도자기 회사를 통해 다양한 형태로 재생산되었다.
생애 첫 번째 그릇 컬렉션 이후 지난 40년간 리모주 프라고나르 접시를 한두 개씩

하빌랜드

하빌랜드 책 패턴

지토에펌

모으다가 최근에 좋은 기회가 있어 한꺼번에 분양 받아 현재 100여 개를 보유하고 있다. 장식용 접시이다 보니 실용적이라고 말하긴 어렵지만 디자인이 워낙 화려해서 그릇장이나 콘솔 위에 몇 개만 세워 놓아도 확실한 존재감을 뽐낸다. 또 가장 큰 접시가 찻잔 소서 사이즈로 그릇들이 아담해서 보관할 때도 용이하다. 무엇보다 작은 사이즈 덕분인지 가격대가 그리 높지 않다는 것이 가장 큰 매력 포인트. 전사지를 붙인 그릇이기에 섬세한 디테일을 기대하기는 어렵지만 기분 전환용 앤티크 그릇으로는 그만이다.

하빌랜드

ITALY

8

이탈리아의 자존심
리차드 지노리 Richard Ginori

이탈리아 명품 도자기의 탄생

이탈리아를 비롯해 유럽에서 가장 유명하고 귀족들이 갖고 싶어 하는 도자기 중 하나인 리차드 지노리는 프랑스 황제 나폴레옹의 부인 마리 루이즈의 그릇으로도 유명하다. 리차드 지노리의 역사는 이탈리아 피렌체에서 가까운 도치아Doccia에서 시작됐다. 1735년 카를로 안드레아 지노리Carlo Andrea Ginori 후작이 이 지역에 도자기 제조업체를 설립한 것. 당시 피렌체 조각가들이 조각상과 함께 일반 식기와 꽃병을 디자인하는 것은 굉장히 이례적인 일이었기 때문에 처음 수십 년 동안에는 주로 장식성이 강한 도자기를 생산했다고 한다. 1757년 설립자가 사망한 후 보다 전통적인 제품 생산에 집중했으며 독일과 프랑스의 포슬린 공장에서 스타일을 차용하기도 했다. 1896년 소시에타 리차드Società Richard라는 밀라노 회사와 합병하면서 현재의 리차드 지노리라는 회사 이름이 탄생했다.

리차드 지노리를 이야기할 때 가장 중요한 인물이 이탈리아 건축가 지오 폰티Gio Ponti로 1923년부터 1933년까지 리차드 지노리 제조 부문의 예술감독으로 일하며 동양적인 감성과 아름다움을 유럽 식탁에 전파시켰다. 이러한 지오 폰티의 노력 덕에 리차드 지노리는 대중성과 예술성을 두루 갖춘 명품 그릇으로 자리매김하게 된다. 하지만 불행하게도 2013년 1월 파산 선고를 받았고 이후 구찌Gucci 그룹이 인수해 새로운 스타일의 리차드 지노리를 선보이고 있다. 2016년부터는 리차드 지노리가 아닌 '지노리 1735'라는 이름으로 불린다.

리처드 지노리 파콜로

❖ 품위 있고 우아하게, 라팔로 Rapallo

이탈리아 북서부의 항구 도시 이름이기도 한 라팔로는 1982년부터 2006년까지만 생산되었던 패턴이다. 핑크 리본과 퍼플&옐로 플라워가 어우러진 갈런드 패턴이 찻잔과 소서의 라인을 따라 우아하게 둘러져 있다. 또한 하이 핸들의 모카잔 사이즈의 찻잔으로 테두리마다 골드 라인을 더해 더욱 고급스러워 보인다. 24년간 생산되었던 패턴이라 같은 라인임에도 제품마다 미세한 차이를 느낄 수 있는데 내가 보유 중인 라팔로 찻잔 표면에서는 리차드 지노리 도자기의 특징 중 하나인 회오리 패턴을 확인할 수 있다. 찻잔의 아담한 사이즈에 비해 가격이 너무 높았지만 지갑을 열게 된 이유이기도 하다.

❖ 동양 꽃 모티브가 돋보이는 도자기, 그란두카 코리아나 Granduca Coreana

그란두카는 이탈리아어로 '대공(大公)', 즉 왕가의 황태자나 여왕의 부군을 부르는 말이다. 코리아나는 우리가 잘 알고 있는 것처럼 '한국인'을 말하는데 어떤 의미로 이런 이름을 붙였을까? 1750년대 피렌체의 귀족 여성들 사이에서는 일본 기모노 장식에서 영감을 받은 패션 스타일이 인기를 끌고 있었다고 한다. 리차드 지노리에서는 이러한 귀족 여성들의 취향을 반영해 동양적이 꽃 패턴을 도자기에 그리게 된 것이다. 패턴의 주인공은 부귀영화의 상징인 모란으로 당시 우리나라에서도 풍요와 영화를 기원하는 마음으로 각종 생활용품과 혼례복, 병풍, 청화 백자 등의 자기에도 두루 활용되었다.
사각 형태의 찻잔이 인상적인 그란두카 코리아나는 1982년부터 생산을 시작해 현재까지 제조 및 판매되는 모델로, 기념일에 한두 개씩 사 모으고 있다. 30년간 그릇을 수집하며 스스로 만든 규칙 중 하나는 단종돼서 아무 때나 구입하기 힘든 것을 빼고는 한꺼번에 들이지 않는다는 것. 마음 같아서는 풀 세트를 한꺼번에 사고 싶지만 이 원칙을 지킨 덕분에 지금까지 다양한 그릇을 두루 모을 수 있었고 하나하나 모으는 재미를 알게 되었다.

RUSSIA

9

러시아의 국민 도자기
그젤 Gzhel

러시아 스타일의 청화 백자

하얀 화선지에 먹이 스르르 스며들며 번지는 수묵 담채화처럼 새하얀 도자기에
코발트블루 컬러로 명암을 표현한 그젤 도자기. 블루 마니아인 내가 이를 그냥 지나칠
리 만무하다. 러시아 도자기 하면 가장 먼저 떠오르는 로모노소프Lomonosov가 러시아
엘리자베타Yelizaveta 여제에 의해 만들어진 황실을 위한 도자기 브랜드였다면, 그젤은
러시아 국민이 가정에서 사용하던 서민 도자기에 가까웠다. 그젤은 러시아 모스크바
남동쪽에 위치한 점토로 유명한 마을로 꽤 오래전부터 도예가들이 활동하고 있었다.
그들은 각자 집에서 도자기를 만들다가 생산량을 늘리기 위해 공동 작업장을 조직하였고
이후 도자기 공장으로 발전하게 됐다고 한다. 그리고 1830년대에 그젤의 도예가들은
당시 영국에서 생산된 경질 자기에 필적하는 품질의 파이앙스(연질 자기) 개발에 성공한다.
몇 차례 생산이 중단되는 위기를 겪기도 했으나 그젤에서는 흰색 바탕에 파란색을 입힌
디자인을 시그니처 삼아 더욱 다채로운 도자기를 생산하며 입지를 다졌다.
내가 갖고 있는 그젤 도자기는 커피 세트로 찻잔은 평균적인 두께보다 확실히 두껍고
전반적인 디자인도 투박해서 대중적으로 사용되었던 브랜드임을 알 수 있다. 핸드
페인팅을 고수하는 브랜드라서 그런지 그릇에 작은 점도 보인다. 귀부인 같은 세련된 멋은
없지만 유원지에서 경험할 수 있는 민속 그릇처럼 토속적인 매력이 있다. 현재 생산되는
제품 역시 핸드 페인팅으로 작업하지만 가격대가 저렴한 편이고 한국에도 판매점이 있어
마음만 먹으면 쉽게 구할 수 있다.

러시아 황실 도자기
로모노소프 Lomonosov

러시아 황실에 의한, 황실을 위한 도자기

대한민국 0.1% 상류층의 하이틴 로맨스를 다룬 드라마 〈상속자들〉의 남자 주인공 엄마의
찻잔으로 등장했던 브랜드가 바로 러시아 대표 포슬린인 로모노소프이다. 22캐럿 골드와
코발트블루로만 그물과 매듭을 표현한 코발트 넷cobalt net 패턴은 이후 명문가 입시를
주제로 한 드라마 〈스카이 캐슬〉에서도 등장해 국내에서 로모노소프는 '상류층의 전유물'
또는 '명품' 이미지가 강하다. 그도 그럴 것이 로모노소프는 러시아 황실 소유의 도자기
브랜드로 출발했다.

1718년 표트르 대제(Peter the Grate)가 작센을 방문해 마이센 도자기를 본 이후
러시아에서도 경질 자기의 비밀을 밝히려는 시도가 시작된다. 그의 딸인 엘리자베타
여제(Yelizaveta Petrovna)가 1744년 상트페테르부르크에 도자기 공장을 설립했으며
화학자인 드미트리 비노그라도프Dmitry Vinogradov를 고용해 러시아 최초의 도자기 장인을
육성했다. 하지만 사람의 욕심은 끝이 없는 법. 황실 부녀는 드미트리 비노그라프를
감금한 뒤 밤낮으로 더 좋은 도자기 개발을 강요하기에 이른다. 이러한 황실의 도자기
사랑은 엘리자베타 여제의 며느리였던 예카테리나 2세Yekaterina II로 이어졌고, 이런 집념이
열매를 맺어 로마노소프 도자기는 18세기 말까지 유럽 최고의 도자기로 급부상하게 된다.
로마노프 왕가 소유의 요장(도자기 굽는 시설)에서 러시아 황실만을 위한 테이블웨어를
만들다가 1765년 러시아 여제였던 예카테리나 2세가 요장을 재정비한 이후로 전 유럽에
'임페리얼 포슬린 매뉴팩토리Imperial Porcelain Manufactory'라는 새로운 이름을 공표했다.
1844년에는 황실 요장 설립 100주년을 기념해 도자기 박물관을 건립했다. 이곳에서는
예술적인 도자기 생산의 발전상을 보여주는 2만 점의 도자기를 소장하고 있으며 러시아

혁명 이후 수년간 제작된 도자기와 함께 해외에서도 활발히 전시회를 열고 있다. 1917년 볼셰비키 혁명으로 인해 니콜라이 2세Nicholas II를 끝으로 러시아 제정은 급격하게 붕괴됐고 이후 황실 소유의 요장은 국유화되어 국영 도자기 공장(State Porcelain Work)으로 불리게 된다.

러시아의 역사만큼 다사다난했던 로모노소프

국영 도자기 공장은 20세기에 들어와 다양한 디자인과 기술의 개발로 소비에트 연방 선전용 도자기를 생산하며 1925년 파리 만국 박람회에서 금메달을 차지하기도 했다. 1925년 러시아 과학아카데미 설립 200주년 기념식에서 설립자인 러시아의 저명한 학자 미하일 로모노소프Mikhal Lomonosov의 이름을 따서 새로운 요장을 만든 것이 현재의 로모노소프 포슬린 팩토리Lomonosov Porcelain Fatory이며, 약자인 LFZ는 러시아 이름인 로모노소프키 파르포로비 자보드 Lomonosovkiy Farforoviy Zavod에서 나온 것이다. 이후 LFZ는 1993년에 민영화되었으며 2005년 소련 이전 이름인 임페리얼 포슬린 매뉴팩토리Imperial Porcelain Manufactory로 돌아가겠다는 결의안을 통과시켰다. 현재 국내에서는 임페리얼 포슬린, 로모노소프 두 가지 이름으로 모두 불리고 있다. 요장의 이름이 수시로 바뀐 것에서 알 수 있듯이 러시아의 역사만큼이나 로모노소프 도자기 역시 여러 번의 변화를 겪었다는 것을 알 수 있다. 다행인 것은 잔혹했던 역사 속에서도 로모노소프는 탁월한 기술을 바탕으로 도태되지 않고 꾸준히 발전했다는 것이다. 내가 갖고 있는 로모노소프 앤티크 제품만 보더라도 전통적인 경질 자기와 비교했을 때 현저하게 백색을 띠며 두께가 얇고 견고하다. 이런 배경색의 영향인지 로모노소프 코발트 넷의 코발트블루 컬러는 유난히 더 쨍하고 밝아 보인다. 10여 년 전 드라마의 인기에 힘입어 로모노소프가 국내에 막 소개될 때와 비교하면 오늘날의 가격은 비교적 합리적인 편이다. 하지만 유명세를 톡톡히 누린 만큼 가품도 많으니 제품을 구입할 의향이 있다면 꼼꼼하게 살펴볼 필요는 있다.

⁛ 러시안 소울, 사모바르 모티브 디자인 Samovar Motives Design

러시아의 찻주전자 사모바르는 혹독하고 긴 겨울을 보내야 하는 러시아 가정에서
없어서는 안 되는 중요한 생활용품 중 하나였다. 주전자의 중심에 가열부가 있고 연통 위에
티포트 받침이 있는데 가열부 주위가 수조水槽로 되어 있어 열효율이 뛰어난 것이 특징이다.
18세기에 홍차가 보급되면서 함께 발달했으며 숯, 솔방울, 장작 등의 연료를 사용하는
제품은 점차 쓰지 않게 되었고 최근에는 대부분 가스 제품으로 대체되었다고 한다.
러시아 문학에도 종종 등장할 정도로 러시아 사람들에게 특별한 아이템인 사모바르를
로모노소프에서 재현한 디자인이다.

높이가 22cm인 디캔터와 트레이, 2개의 에스프레소잔이 세트로 구성되어 있는 제품은
실제로 물은 600ml 정도밖에 들어가지 않아 장식용에 가깝고 수도꼭지 밸브도
모형일 뿐이다. 그래서 제품명도 '로모노소프 임페리얼 포슬린 디캔터 세트 사모바르
수베니어Lomonosov Imperial Porcelain Decanter Set Samovar Souvenir'인가 보다. 도자기의
프린트는 손으로 그린 것으로 다른 로모노소프 제품처럼 22캐럿 금으로 장식되어 있다.
또 다른 사모바르 모티브 디자인의 아이템은 강렬한 레드가 굉장히 '러시아스러운'
티포트로 뚜껑이 있는 찻잔과 세트를 이룬다. 코발트 넷 패턴의 티 세트 등 로모노소프에는
유난히 뚜껑 있는 찻잔이 많은데, 사모바르와 마찬가지로 유난히 추운 러시아의 환경과
관련이 있는 듯하다. 두 가지 티포트의 뚜껑은 모두 주전자 디자인으로 뚜껑만으로도
하나의 오브제 역할을 한다. 실용적인 면에서는 조금 떨어질 수 있지만 러시아 사람들의
소울을 간직한 아이템이라는 점, 그리고 강렬한 컬러와 디자인으로 독보적인 존재감을
발휘한다는 점에서 하나쯤 소장하고 싶은 아이템인 것은 확실하다.

⁛ 베스트셀링 아이템, 코발트 넷

코발트 그물 패턴과 아름다운 금장식이 특징인 코발트 넷 시리즈는 예카테리나 여제에게
제공되는 만찬 세트를 기반으로 제작되었다고 한다. 독특하고 우아한 스타일은 전
세계적으로 높은 평가를 받고 있으며 1958년 벨기에 브뤼셀에서 열린 만국 박람회에서
그랑프리를 수상하기도 했다. 1949년 작가 안나 야츠케비치Anna Yatskevich에 의해 출시된

이후 반세기가 넘는 기간 동안 황실 자기를 대표하는 문양으로 많은 이들에게 사랑받고
있다.

나 역시 좋아하는 디자인 중 하나로 오리지널 컬러인 코발트 넷뿐만 아니라 핑크 컬러 티
세트도 갖고 있다. 컬러 때문에 국내에서는 '핑크 넷'이라고 불리지만 임페리얼 포슬린
공식 홈페이지에서는 '레드 넷red net'으로 표기한다. 앞서 언급한 것처럼 코발트 넷
패턴은 18세기 예카테리나 여제의 만찬에서 선보였던 패턴에서 착안한 것인데, 당시 그릇
디자인이 핑크 그물 패턴이었다고 한다. 물론 지금 내가 갖고 있는 핑크 넷을 말하는 것은
아니지만 오리지널 코발트 넷의 원조가 핑크 컬러, 그것도 그물 모양이었다고 하니 갑자기
이 그릇들이 더 사랑스러워 보인다. 핑크 컬러 역시 22캐럿 골드로 장식되어 있는데 혹여나
골드가 지워질까 조심조심 닦고 관리하다.

Russia

CHAPTER 9

로모노소프 포켓미닛 베이디얼

로마노프르 인닝 트위그

USA

10

백악관의 그릇
레녹스 Lenox

미국 대표 도자기의 탄생

미국을 대표하는 포슬린 브랜드 레녹스. 워낙 익숙한 이름이라서 잘 알고 있다고 생각할 수 있지만 의외로 제대로 알고 있는 사람은 드물다. 레녹스 하면 가장 먼저 떠오르는 '버터플라이' 시리즈는 굉장히 고급스럽고 우아했던 이전의 레녹스와는 전혀 다른 스타일이기 때문이다. 1989년 이후의 레녹스 제품들은 주로 동남아에서 OEM 방식으로 생산된 것으로, 미국에서 자체 생산했던 레녹스 그릇에서 볼 수 있었던 디테일은 찾아볼 수 없게 됐다. 생산 단가를 낮추면서 대중성은 얻었으나 예술성과 브랜드 고유의 가치는 희석된 셈이다. 회사 입장은 충분히 이해가 되지만 레녹스 그릇 애호가로서 정말 애석한 일이 아닐 수 없다. 레녹스 도자기의 진가를 알기 위해서는 과거부터 들여다볼 필요가 있다.

레녹스는 미국의 전도유망한 도예가에 의해서 시작됐다. 미국 뉴저지 트렌턴Trenton에서 나고 자란 월터 스콧 레녹스Walter Scott Lenox는 20대에 이미 도예가로서 이름을 날렸고, 1889년 레녹스 세라믹 아트 컴퍼니Lenox's Ceramic Art Company를 설립해 'Made in USA'를 표방한 공예품을 생산했다. 창업한 지 8년 만에 예술성과 품질을 인정받으며 미국 워싱턴 D.C.의 스미스소니언 국립 자연사 박물관에 소장 및 전시되는 영예를 안았다. 1906년에는 레녹스가 대중에게 각인되는 중요한 사건이 발생하는데, 샌프란시스코 대지진이 바로 그것이다. 같은 해에 레녹스 주식회사로 사명을 변경한 후 샌프란시스코의 한 소매업체에 제품을 납품했는데 얼마 후 20세기 미국에 최악의 자연재해가 발생한 것이다. 참사의 현장에서 온전하게 발견된 레녹스의 그릇은 미국의 강인함을 상징하며 대중의 관심을 받기 시작했다. 1910년에는 당시 유명했던 아일랜드 도자기 브랜드인 벨릭Belleek에서

레녹스 처티 가든스 & 신데렐라(가운데)

기술자를 영입해 첫 번째 디너웨어를 생산했는데 레녹스의 트레이드마크가 된
크림색 그릇이 이때 탄생했다. 또한 레녹스가 최초로 선보인 두 가지 패턴인 밍Ming과
만나린Mandarin은 1917년에 소개되어 이후 50년간 생산되었다.

미국의 자부심이 되다

레녹스의 맞춤 제작 방식은 백악관에서도 큰 사랑을 받았다. 1918년 윌슨 대통령(Thomas
Woodrow Wilson)이 주문한 식기 세트 1700점을 납품한 것을 시작으로 1934년
루스벨트(Franklin Delano Roosevelt), 1951년 트루먼(Harry S. Truman), 1981년 레이건(Ronald
Reagan), 2000년 클린턴(Bill Clinton), 2008년 부시(George Walker Bush) 대통령에
이르기까지 백악관의 만찬을 책임지며 미국의 자부심으로 자리매김했다. 백악관 주문과
별도로 레녹스가 미국 중산층의 대표 아이템이 될 수 있었던 계기는 풀 세트가 아닌 5피스
디너 세트 구입이 가능하도록 판매 방식을 바꾸면서부터다. 1920년에 월터 스콧 레녹스가
사망하자 사업 파트너였던 해리 브라운Harry Brown이 그의 뒤를 이어 유럽과 차별화되는
레녹스만의 우아함과 고급스러움을 간직한 디자인을 계속해서 선보였다.
유럽 제품이 압도적인 우위를 점한 미국의 도자기 시장에서 레녹스는 혁신적인 디자인과
품질을 꾸준히 유지하며 조금씩 점유율을 넓혀갔고 20세기 중반에는 자국 시장의 4분의
1을 점유하는 쾌거를 이뤄냈다. 1960년대에는 미국에서 가장 오래된 크리스털 회사인
브라이스 브라더스Bryce Brothers를 인수하는 등 회사의 규모를 확장하고 이후 계속
승승장구했으나 코로나19의 여파를 피해 가지 못했다. 2020년 레녹스의 유일한 미국
공장이 폐쇄되면서 사실상 모든 제품 생산이 중단됐다.
올드 레녹스 그릇들은 현대 제품에서 찾아볼 수 없는 템플temple(주름형) 디자인과 양각
디자인, 그리고 빈티지한 크림 컬러와 코럴 컬러 등의 특징이 있다. 전체 그릇의 형태와
색상이 정교하고 특유의 고급스러운 느낌 때문에 올드 레녹스를 참 좋아한다. 그래서
앤티크 그릇에 어느 정도 조예가 있는 사람을 초대했을 때는 주로 레녹스 그릇으로

테이블을 스타일링한다. 유럽 쪽 그릇은 속속들이 알아도 의외로 레녹스를 모르는 경우가 많기 때문이다. 올드 레녹스로 세팅한 테이블을 본 그들은 유럽의 어떤 브랜드와 견주어도 뒤지지 않을 정도로 기품 있고 아름답다며 한결같이 감탄한다. 그럴 때면 내가 칭찬을 받은 것처럼 뿌듯하고 묘한 쾌감을 느낀다. 그릇 수집가에게 어떤 손님이 와도 자신 있게 내놓을 수 있는 그릇이 있다는 것만큼 강력한 무기는 없을 것이다. 내가 레녹스를 사랑하는 수많은 이유 중 하나이기도 하다.

레녹스 서민 가든스

USA CHAPTER 10

레녹스 서머 가든스

레녹스 모닝 블러섬

레트로 감성과 함께 다시 뜨는 그릇
밀크 글라스 Milk Glass

도자기를 모방한 또 하나의 역작

어머니의 그릇장을 잘 뒤져보면 투명한 유리가 아닌 뽀얀 속살의 불투명한 유리, 밀크 글라스 컵이나 접시 한두 점은 찾을 수 있을 것이다. 1960~1980년대 우리 어머니 세대가 가장 즐겨 쓰던 그릇이 바로 밀크 글라스였기 때문이다. 이 불투명한 흰색 유리는 16세기 이탈리아 베네치아에서 유래된 것으로 전해진다. 베네치아의 유리 제조업자들은 뼈 회분(골회), 비소, 산화 주석과 같은 성분을 유리에 첨가하면 백색의 도자기와 비슷한 느낌이 난다는 것을 발견했고 그것을 오팔 유리(opal glass)라고 불렀다. 오팔 유리는 여느 도자기 대체품과 달리 고가여서 당시 특정 계층만 사용했다고 한다. 이 오팔 유리가 두각을 나타낸 것은 빅토리아 시대로, 이때부터 밀크 글라스라는 이름으로 불리기 시작했으며 미국에서도 선풍적인 인기를 끌었다.

특히 미국 남북전쟁 이후 공업화로 자본주의가 급속도로 발전했는데 밀크 글라스는 19세기 말과 20세기 초에 부유한 미국 문화의 상징이기도 했다. 이 시기에 미국에서 밀크 글라스를 전문적으로 제작하는 유리 회사들이 많았다. 웨스트모어랜드Westmoreland, 펜톤Fenton, 임페리얼Imperial, 앵커 호킹Anchor Hocking, 헤이즐 애틀러스Hazel Atlas 등이 대표적이며, 이들은 고품질의 식기류를 생산했다. 그러나 1940년대의 불황을 겪으면서 밀크 글라스의 품질은 떨어졌고 판촉물로 사용되는 등 그 용도 또한 달라졌다. 이후 밀크 글라스는 더 이상 미국 부유층의 전유물이 아닌 일반 대중이 애용하는 그릇이 되었다. 국내에 유입된 것은 20세기 중후반으로 흰색을 비롯해 다양한 컬러의 밀크 글라스가 한동안 큰 사랑을 받았다. 이후 가볍고 튼튼한 그릇이 대거 출시되면서 상대적으로 두껍고 무거운 밀크 글라스는 꽤 오랫동안 그릇장을 지키다가 레트로 열풍과 함께

구름은로

다시 한번 주목받고 있다.

앵커 호킹과 헤이즐 애틀러스

어릴 적 엄마의 그릇장은 코닝(Corning Inc.)으로 시작해서 코닝으로 끝났던 것 같다. 어린 내 눈엔 다 같은 그릇처럼 보였으나 알고 보니 코닝을 비롯해 앵커 호킹, 아르코팔Arcopal, 헤이즐 애틀러스 등의 튼튼한 유리 그릇들이었다. 패션이나 인테리어처럼 그릇도 유행을 타기에 밀크 글라스의 인기는 예전만 못하지만 특유의 빈티지한 감성 덕에 꾸준히 마니아들이 있는 편이다. 옥색의 앵커 호킹 파이어킹 제디트Fire king Jadeite는 이제 고가의 수집품이 되었다. 앵커 호킹은 1905년 미국 오하이오주 랭커스터시에 설립된 호킹 글라스 컴퍼니Hocking Glass Company와 1937년 앵커 캡 코퍼레이션Anchor Cap Corporation이 합병해 앵커 호킹 코퍼레이션Anchor Hocking Corporation이 됐다. 100년 넘게 미국과 전 세계의 주방을 빛냈던 앵커 호킹의 밀크 글라스를 시어머니의 찻장에서 보물찾기하듯 발견했다. 밀크 글라스는 특유의 빈티지한 감성과 파스텔컬러의 '러블리함'으로 큰 사랑을 받고 있지만 개인적인 취향은 아니기에 공부할 요량으로 각 브랜드의 것을 한두 개 정도만 갖고 있다. 예외가 있다면 헤이즐 애틀러스의 어린이 티 세트인데, 나중에 손주들이 예쁜 그릇으로 티타임을 즐겼으면 하는 바람으로 구입했다. 심지어 아이들이 깨트릴 것을 감안해 컬러별로 두 세트씩 장만해 두었다. 마카롱처럼 예쁘고 달콤한 느낌이 나는 헤이즐 애틀러스의 밀크 글라스 찻잔을 보며 다정하고 우아한 할머니 모습을 한, 미래의 나를 상상해 본다. 또한 밀크 글라스처럼 우리 어머니 세대가 흔히 사용했던 그릇이 오늘날 여러 온라인 채널을 통해 거래되는 것을 보며 빈티지와 앤티크는 결국 생활이고 삶의 일부분임을 다시 한번 깨닫는다.

헤이즐 애틀러스

알아두면 좋은 앤티크 그릇 정보

앤티크와 빈티지는 어떻게 다를까

�֎

앤티크antique를 영어 사전에서 찾으면 '(귀중한) 골동품'을 의미하는 반면 프랑스어 사전에서는 '낡은, 시대에 뒤떨어진'을 뜻한다. 이는 '옛날'을 뜻하는 라틴어인 '안티구우스 antiguus'에서 유래된 것으로 처음에는 단순히 오래된 것을 지칭하다가 16세기 이후 '고대의', '고대 미술'이라는 의미로도 사용되었다. 한편 빈티지vintage는 '특정한 연도나 지역에서 생산된 포도주의 연도, 고전적인, 전통 있는' 등의 사전적인 의미를 갖고 있다. 빈티지의 어원은 세계 대공황이 시작됐던 1929년 미국에서 찾을 수 있다. 불황으로 인해 팔리지 않고 쌓여 있던 엄청난 양의 그릇, 가구, 보석류 등의 재고를 15~20년 후에 다시 판매하게 되었는데 보관 기간과 상관없이 소비자들이 다시 찾는 것을 보고 프랑스의 포도주 저장 창고인 빈티지를 연상하게 되었다고. 그렇다고 20년 전의 물건을 모두 빈티지라고 하는 것은 아니다. 통상적으로 40~50년 정도 묵은 것을 의미하며, 빈티지보다 훨씬 더 오래된 느낌의 앤티크는 100년 이상의 시간을 보낸 물건을 의미한다. 빈티지와 앤티크의 기준이 법적으로 명시되어 있는 것은 아니기에 상황에 따라서 얼마든지 달라질 수 있다. 컬렉터들 간의 암묵적인 약속 정도로 생각하면 된다.

앤티크 그릇은 어떻게 관리하면 좋을까

✠

출시된 지 100년 이상 된 앤티크 그릇을 손에 넣는 순간부터 진심을 다해 관리할 필요가
있다. 먼저 제품을 받자마자 불빛에 비추어 크랙crack이 있는지 살펴본다. 크랙이 있는
그릇은 뜨거운 물에 담그면 깨질 수도 있으므로 주의해야 한다. 크랙 확인 후 가성 소다
또는 시판 아스토니쉬를 푼 미지근한 물에 충분히 담가 수세미로 구석구석 닦는다. 만약
골드 라인이 있는 그릇이라면 수세미 말고 부드러운 스펀지로 닦아준다. 깨끗이 씻은
그릇은 잘 말린 뒤 수납 박스 또는 장식장에 보관한다.

수납 박스에 보관할 때는 안이 훤히 보이는 투명 박스를 이용한다. 컵과 소서는 같은
상자에 보관하되 그릇마다 완충재를 넣어 서로 부딪쳐 깨지는 것을 방지하고 박스 겉면에
브랜드와 그릇의 수량을 표기한다. 티포트 또는 커피포트는 주둥이(스파우드spout) 부분이
손상되는 경우가 많으므로 특히 조심해야 한다. 주둥이 부분만 따로 포장을 하거나 파손
방지용 포장재를 사용하는 것을 추천한다. 주전자 뚜껑을 닫은 채 포장하면 안 되고
반드시 분리해서 따로 포장한다.

알아두면 좋은 앤티크 그릇 정보

백 마크는 무엇이고 어떻게 보는 것인가

✠

도자기 밑바닥에 새겨진 상표 등을 백 마크back mark 또는 백스탬프backstamp라고 한다. 백 마크의 표기 방법은 브랜드마다 다른데 대체적으로 상표나 문장紋章, 회사 창립일 등이 들어가며 제품에 따라 페인터(채색 작가)의 서명이 포함되기도 한다. 로얄코펜하겐처럼 알파벳으로 제품 출시 연도를 표현하는 이색적인 표기 방법을 차용한 브랜드도 있다. 백 마크의 진위 여부를 확인하는 가장 좋은 방법은 브랜드의 공식 홈페이지에 방문해서 시기별로 정리돼 있는 백 마크를 확인하는 것이다. 만약 현재 생산 중단된 브랜드라면 구글 검색창에 브랜드명과 함께 영문으로 'back mark'라는 단어를 입력해 검색하면 관련된 수많은 정보에 접근할 수 있다. 백 마크는 앤티크 그릇의 중요한 이름이자 나이를 알려주는 증명서이기 때문에 그릇을 좋아하는 것만큼 자주 들여다보는 습관을 들이자.

가품은 어떻게 구별할 수 있나

✠

입문자, 애호가 할 것 없이 앤티크 그릇을 수집하다 보면 가품을 만나는 일은 매우 흔하다.
또한 앤티크 그릇의 수요가 늘어남에 따라 가품 제작 기술도 더욱 정교해져 진품과 가품을
구별하는 것이 점점 어려워지고 있다. 진품을 알아보는 방법은 그저 꾸준하게 공부해
안목을 높이는 것뿐이다. 그나마 다행인 것은 몇 번의 클릭만으로 세계 곳곳의 다양한
정보를 가만히 앉아서 얻을 수 있는 세상이니 실물이 없다면 진품의 이미지라도 열심히
보는 것이 어느 정도 도움이 될 것이다.

온라인 마켓에서 사고 싶은 그릇을 발견했다면 먼저 백 마크가 있는지 없는지, 있다면
실제로 존재했던 백 마크인지 진품의 백 마크와 대조해 본다. 출시 연도가 너무 오래되어
백 마크가 없는 것도 어쩌다 만날 수 있다고 말하는 셀러도 있는데, 그 정도의 가치 있는
그릇이라면 박물관에 있는 것이 온당하니 아예 배제하는 것이 좋다. 만약 그릇의 가격이
너무 저렴하다면 일단 의심부터 하고, 상세 이미지를 통해 문양 디테일의 상태를 꼼꼼하게
확인하는 것도 필요하다. 백 마크가 없는 그릇은 이름이 없는 그릇과 같음을 명심하자.

장식용 티포트를 사용해도 될까

✠

앤티크 그릇 애호가라면 대부분 알고 있는 프랭클린 민트Franklin Mint는 1964년 미국 펜실베이니아에서 시작된 회사로 한정판 메달이나 동전, 피겨린, 도자기 등을 생산해 왔다. 내가 갖고 있는 프랭클린 민트 티포트는 1985년에 출시된 것으로 영국 빅토리아 앤 앨버트 뮤지엄Victoria and Albert Museum(V&A)에서 보유 중인 도자기의 미니어처 버전이라고 할 수 있다. V&A는 빅토리아 여왕과 남편 앨버트 공의 이름을 딴 박물관으로 영국이 가장 번성했던 시기에 재임했던 만큼 여왕 부부의 어마어마한 양의 소장품이 전시되어 있는 것으로 유명하다. 프랭클린 민트의 V&A 컬렉션은 중국과 영국의 초기 티포트를 미니어처로 만든 것으로 총 12개가 한 세트로 이루어져 있다.

V&A를 가야만 볼 수 있는 100년 이상 된 앤티크 그릇을 가까이에서 볼 수 있다는 점에서 컬렉터들에게 인기가 많은 제품이나 진짜 티포트는 아니기에 사용할 때 주의가 필요하다. 티포트를 만들 때 식기 전문 회사에서는 식기 전용 흙과 페인트, 유약을 사용하지만 기념품 제조 회사에서는 어떤 재료를 사용했는지 장담할 수가 없다. 따라서 실제로 사용하는 것을 피하고 공부용 또는 수집용으로만 감상할 것을 권한다. 간혹 미니어처 티포트를 1인용 티포트로 소개하는 판매 글을 볼 수 있는데, 이는 앤티크 그릇 마니아들의 안전을 위협할 수 있는 행동임을 알았으면 한다.

앤티크 그릇 용어

✠

크레이징crazing 오래된 찻잔에 누렇게 물이 들어 마치 나뭇가지처럼 보이는 것을
크레이징이라고 한다. 유약이 손상되었거나 뜨거운 물과 차가운 물을 번갈아 사용하는 등
극심한 온도 변화가 계속되면 생길 수 있다.

헤어라인hairline 머리카락처럼 가늘게 금이 가 있는 것을 의미하며 실금 또는
크랙이라고도 한다. 차를 따를 때 티포트가 찻잔의 가장자리에 닿아 생기는 경우가 많고,
찻잔을 씻으면서 수전에 닿거나 보관할 때 엎어놓게 되면 생기는 경우도 있다. 또한
오랫동안 건조한 상태로 두었다가 바로 뜨거운 물을 붓게 되면 헤어라인이 생기기도 한다.
주로 스톤웨어에서 발생하는 일이 잦으니 스톤웨어는 미지근한 물에 자주 세척하는 것을
추천한다.

크랙crack 일종의 갈라진 틈을 말하며 빙열이라고도 한다. 그릇의 내부와 외부에 모두
나타나는 경우가 많은데 크랙이 보인다는 것은 이미 균열이 시작되었다고 봐도 무방하다.
유색 차나 커피를 담으면 크랙 라인대로 물이 들기도 한다. 크랙은 한번 시작되면 막을
방법이 없으니 그릇을 구입할 때 꼼꼼히 확인하는 것이 최우선이다. 간혹 몇몇 외국
셀러들은 크랙 또한 앤티크 그릇의 표식이라 설명하는데 실제 사용 목적이라면 어떤
이유이건 크랙 있는 제품은 피하는 것이 좋다.

깨칩 아주 작은 사이즈의 홈을 말하며 벼룩이 문 자국이라는 뜻으로 플리 바이트flea bite,
또는 바늘 자국 같은 홈이라는 의미로 핀 포인트 니크pin point nick나 핀 포인트 프리크pin
point prick라고도 한다. 아주 작은 사이즈라고 해도 홈은 홈이니 꼼꼼하게 살펴 구입하는
것이 좋다. 특히 골드 라인에 깨칩이 있다면 그릇의 가치가 크게 떨어질 수도 있다.

알아두면 좋은 앤티크 그릇 정보

민트 컨디션mint condition 이베이나 경매 사이트에서 가장 많이 듣는 단어로 '민트급'이라고도 한다. 민트mint는 '(화폐를) 주조하다'는 뜻을 갖고 있으며 앤티크 그릇에서는 '새것 같은 상태' 또는 '미사용'을 의미한다. 외국에서는 깨칩, 크랙, 크레이징 등 눈에 보이는 흠집이 없으면 보통 '민트 컨디션'이라고 표현하는데 우리나라 사람들과 앤티크 보는 기준이 다를 수 있으니 소개 문구와 상관없이 제품을 면밀히 살피는 것이 필요하다.

유텐실 마크utensil mark '가정에서 쓰는 기구 또는 도구'를 의미하는 유텐실과 '자국'을 뜻하는 마크의 합성어로 그릇을 사용하면서 생기는 생활 자국을 말한다. 육류를 자를 때 생기는 칼자국, 설탕 등을 녹이기 위해 스푼으로 저으면서 생기는 자국 등이 대표적이다.

세컨드second 품질의 수준을 의미하며 쉽게 말해 퍼스트first 컨디션이 아닌 것을 말한다. 포슬린 공장에서 그릇을 생산할 때 모두 1등급일 수만은 없다. 아주 미세한 차이로 1등급 그릇이 되지 못한, 일반 소비자들이 육안으로 구별하기 어려운 수준의 비교적 좋은 상태의 그릇을 세컨드라고 한다. 주로 마이센, 로얄코펜하겐 등에서 볼 수 있으며 백 마크에 표기하기도 한다.

그릇의 형태에 따른 명칭

튜린tureen 뚜껑이 달린 움푹한 그릇으로 서양에서 주로 수프, 스튜를 담을 때 사용한다. 백숙처럼 부피가 큰 국물 있는 한식을 담을 때 유용해서 디너 세트를 살 때 꼭 같이 사는 편이다.

데미타스demitasse 우리가 흔히 알고 있는 커피잔보다 작은 사이즈로 에스프레소를 제공할 때 쓰는 컵이다. 프랑스식 발음으로는 드미타스라고 한다.

소서saucer 컵을 받치는 데 사용하는 접시를 말한다. 원래 과거에는 커다란 찻잔을 사용하고 이 소서에 차를 따라서 식혀 마셨다고 한다. 참고로 완전히 납작하게 생긴 받침은 코스터coaster라고 한다.

워머cup warmer 티포트의 차를 계속 따뜻하게 유지하기 위해 올려놓는 작은 화로로, 주로 초를 이용해 보온한다. 요즘은 티포트, 찻잔과 세트로도 구성되어 있다.

홍차잔과 커피잔 홍차는 향을 즐기는 음료로 홍차잔은 향과 수색水色을 즐길 수 있도록 입구가 넓은 것이 특징이다. 또한 잔이 얇고 가볍다. 반면 커피는 온도에 민감한 음료이므로 커피잔은 두께가 어느 정도 있는 것이 좋다. 이는 음료의 온도가 빨리 내려가는 것을 방지하기 위한 것으로 커피가 식으면 쓴맛이 더욱 강해지기 때문이다.

부용잔bouillon cup 양쪽에 손잡이가 달린 찻잔을 말한다. 주로 초콜릿이나 수프를 담는 잔으로 예로부터 밀도가 높은 음료나 물기가 많은 음식을 담아 먹었다고 한다. '부용bouillon'은 고기나 채소를 끓여 만든 육수를 의미하는데 국물 있는 음식을 두 손으로 잡고 마시면 더욱 안정감이 들기 때문에 이렇게 이름 붙인 것이 아닌가 추측해 본다.

(왼쪽 위부터 시계 방향)
웨렌드 로열가든 브베퍼스트셋, 노리다케 하나사라사 홍차잔,
웨렌드 퀸빅토리아 모카잔, 웨렌드 아포니 조콜릿셋, 린드너
데미타스, 웨지우드 제스퍼 켄형 에스프레소셋, 린드너 커피잔

(좌) 빙엔그렌달 블루 시겔 튜린
(우) 로열 크라운 더비 마지 앙투아네트 튜린

유럽 앤티크 마켓 정보

프랑스

‡ 방브 벼룩시장 Vanves Flea Market
16-18 Av. Georges Lafenestre, 75014 Paris, France

‡ 생투앙 벼룩시장 Les Puces de Saint Ouen
99 Rue des Rosiers, 93400 Saint-Ouen-sur-Seine, France

‡ 몽트뢰유 벼룩시장 Marché Montreuil
6 Av. du Professeur André Lemierre, 75020 Paris, France

‡ 앙팡 루즈 벼룩시장 Marché des Enfants Rouges
39 Rue de Bretagne, 75003 Paris, France

‡ 바스티유 벼룩시장 Marché Bastille
Boulevard Richard Lenoir, 75011 Paris, France

‡ 비올리지크 라스파일 Marché Biologique Raspail
Bd Raspail, 75006 Paris, France

영국

‡ 포토벨로 로드 마켓 Portobello Road Market
Portobello & Golborne Road Road Ladbroke Grove, London W11 1LU, England

‡ 선버리 앤티크 마켓 Sunbury Antiques Market
Kempton Park, Racecourse, Sunbury-on-Thames TW16 5AQ, England

‡ 캠던 마켓 Camden Market

54-56 Camden Lock Pl, London NW1 8AF, England

‡ 캠던 패시지 Camden Passage

1 Camden Psge, London N1 8EA, England

‡ 올드 스피털필즈 마켓 Old Spitalfields Market

16 Horner Square, London E1 6EW, England

‡ 코벤트 가든 마켓 Covent Garden Market

41 The Market Building Covent Garden London WC2E 8RF, England

린드너 마리 루이즈 슈레 그린

로얄코펜하겐

밀크글라스

(위) 민튼 트로이
(아래) 민튼 해머솔

❖ 북펀드에 참여해 주신 독자 여러분께 감사드립니다

april	김은경	블루오니온 티룸	이미정	조선명
Boksoon Pi	김은영	살롱드화려크루이지선	이병선	주민란
KOALA	김은정	서광수	이상희	즐거운사라
mokufilm	김은희(2)	서명희 이정하	이성희	즐거운찻잎
OKJINI	김정련	선미	이아현	지제로
ROSIE	김지영	성장	이영두	지희진
Sarah	김진영(두근해)	성화숙	이예재	진지하게
serensis	김향실	세실	이유리	쩡
Sophie Orc	김현숙	소담	이유정	차해민
Toshine	김화수	소재희	이윤희	최경애
yunseo	꽃돌언니	손은경	이이랑	최동환
강은미	꿀엔드림 박은영	손토토	이정미	최보영
강은영	나사라	손효주	이정숙	최선영
강진하	남향석	송동섭	이정인	최성숙
강한솔	노지영	송명순	이정포슬린	최예정
강현종	루나홈	송소미	이정현	최정윤
경희대무용과최재연	루이엄마	송현숙	이지원	최진
고승현	류혜경	시간여행	이지윤	최현주
공혜진	리코커피	신은정	이진미	티마스터 바움
구구맘	마녀잼	신이나	이진영	하미를사랑하는한나가
구양선	마노르블랑 주민란	신지현	이한나	한도연
권귀향	문기영	신환수	이현정	한미선
권유미	문병언	심문자	이혜련	한미영
그림차	문선영	심민정	이혜승	한보라
김경민	바이올렛	써니의식탁 이희선	이호영	한연주
김광산	박대훈	아스레와말레	임경숙	한윤경
김규진	박미희	아즈랑	임미영	해마 최동진
김기홍	박민정	아코모 김수연	임성옥	해밀
김난경	박서희	양윤희	임아영	해바라기소녀
김동일	박선경	엄태환	임유연	허수희
김딱복	박수미	여우의밀밭	임희정	허순희
김린아	박영근	연규례	장미현	허애월
김미나	박은경	예유나	장순주	허은경
김미숙	박종임	오경림	장윤라	현종훈
김미희	박주영	오석영	전미경	호록
김보현	박지헌송	오세령	전은영	홍경순
김새봄	박희은	오수민	정상미	홍은영
김선희	백승우	오수진	정수경	화려crew박근혜
김수정	백영란	오정은	정숙영	화려크루 강승혜
김승룡	백인정	용럼버스	정식한	화려크루 강지성
김여진	백진희	윤빛나	정아라	환경보호
김연수	벨라제이	윤주희	정은실	황현주
김연정	변은혜	이금종	정은영	
김영희	변정욱	이기영	정은혜	
김용희	변지연	이다솔	정인호	
김유리	불란서미인	이다혜	정진순